JN260561

中国の
環境ガバナンスと
東北アジアの
環境協力

包茂紅 著
北川秀樹 監訳

はる書房

はしがき

　20世紀後半には世界の歴史過程に影響を与える多くの重大な出来事が生じた。その中で、中国が急速に台頭したことも最も意義深い出来事の1つである。中国台頭の核心は、「後発性の利益」を発揮し、キャッチアップ型発展戦略の実行を通じて急速な経済成長を30年間維持し続けたことである。西洋の先進工業国が300年以上かけて手に入れた経済成果を、中国はわずか10分の1の期間で部分的ではあるが達成することができたのである。中国の経済発展は、強力な圧縮的成長、キャッチアップ型、そして不均衡発展などの特徴を表している。経済の急速な成長がもたらした物質的成果と国際的名声を享受するとともに、中国も環境上の重い代価を支払い、ますます目立ってきた環境の悪化に耐えている。工業化が引き起こした化学汚染に始まる公害、過度の農業開発による土壌汚染、都市の環境状況の悪化、広大な農村部での汚染の蔓延、淮河流域で絶えず出現する「癌の村」、三鹿集団（牛乳製造、加工の企業グループ）による毒粉ミルク事件、太湖（江蘇省）の藍藻事件、東北アジアで暴威をふるうひどい砂嵐（黄砂）等々、中国の環境問題は日に日に全面的、複合型、構造性等の特徴を呈している。率直にいうと、中国の環境問題は主に中国の経済発展がもたらした副産物であるが、経済がグローバル化した時代において、「世界の工場」である中国から廉価な商品を享受する国際社会は中国の環境悪化に全く責任はないのであろうか。

　現在人類が唯一生存できる地球において中国は重要であるという考えから、国際社会は一貫して中国の環境ガバナンス問題を注視し、次々と多くの様々な解釈と解決の道筋を提起してきた。その中の大部分は、中国の環境問題の真相を極力明らかにした上で、中国が環境問題解決の構想と方策を提出し、あるいは計画することを望んでいる。しかし、「誰が中国を養

うのか」、「中国環境脅威論」のような人騒がせな極端な言論が現れているのも否定できない。実状に合わないこのような見方が現れたことには2つの理由がある。1つは、環境に合わせて環境を論じるというものである。さらには中国の環境問題を単純に技術問題の1つとみなしているか、あるいは工学的問題の1つとみなしているものである。2つ目は、先進国の環境ガバナンスの経験を総括し得られた分析モデルにより、無意識のうちに中国を分析しているのである。実際に、国際学術界で発展途上国の環境問題を研究するとき、これらの問題は広く存在している。インド、アフリカ、そしてアメリカでさえ環境史学者の何人かはすでにこれらの問題を認識し、徹底的に対処している。本書は、近年に私が執筆あるいは発表した一連の中国環境ガバナンスおよび環境協力に関する論文の中から選択し、編集したものである。私自身の専門的研究の実践と、執筆し発表してきたこれらの論文を見ることにより、この問題を研究する私の視点と方法をうかがい知ることができるであろう。

　私はもともと歴史学の伝統的な専門訓練を受けた。1995年にドイツ・バイロイス大学への留学機会を得、そこで環境科学と生態学の知識を補い、アフリカ環境史の研究領域に足を踏み入れた。1997年に中国に戻ってから、「人類発展と環境の変遷（簡明世界環境史）」、「南アフリカ環境史研究」などの講義を相次いで開いた。アフリカの環境史を研究するには現地での研究を行わなければならず、研究環境の制限によりそれが不可能であったため、研究領域をアジア太平洋地域の環境史に拡大せざるを得なかったのである。また、環境史研究がアメリカに始まり、アメリカの研究力も優っていて成果も多いことから、2002年にはアメリカ・ブラウン大学にてアジア太平洋地域史、環境の歴史的分析（environmental historiography）などの研究に従事した。2003年に帰国後、「環境の歴史的分析」、「アジア太平洋地域環境史」などの講義を相次いで開設した。これらの講義内容の変化に伴って自分自身の研究領域も広がり続けた。世界の環境史と環境の歴史的分析を比較し理解した上で、2003年に私は初めての中国環境史の研究論文——「中国環境政策の変遷と成果」を執筆し、当

時の「アメリカ環境史学会」の年次大会で報告した。自分自身の研究経歴と知識の蓄積が進んだことにより、中国の環境ガバナンスと環境協力を研究する際に、意識的に以下のいくつかの面に注意することができるようになった。1つは、中国の環境ガバナンスを世界の環境史という大きな枠組みの中に取り入れ、認識すること。そして、先進国の環境史研究の成果と経験を参考にするだけではなく、発展途上国と中国の視点に立脚することを堅持し、注意を払うこと。2つ目は、中国の環境ガバナンスを歴史に基づかせ、中国の歴史発展の趨勢から認識すること。3つ目は、中国歴史上かつてなく続いている全面的な社会の大転換の文脈の中で、中国の環境ガバナンスを認識すること。4つ目は、保存された文献資料の研究を重視するとともに、できる限り現地調査と口述歴史の研究を行うことである。

中国の環境問題は国内と国際との2つの側面の要素から引き起こされたので、中国の環境ガバナンスとそれに関連している研究もこの2つの側面から行うべきである。国内の方からみると、中国の環境ガバナンスは、国あるいは政府（中央と地方政府を含む）、市場あるいは企業、そして住民社会あるいは非政府組織という3者間の相互作用によって決まる。国際環境協力は、環境ガバナンスの技術と政策について相互に協力し合うものを含むだけではなく、環境文化の交流と構築も含むのである。この研究の考え方の筋道が本書の分析枠組みであり、本書の内容の進展と構成に内在する論理でもある。

第1章「資源環境と中国歴史の歩み」は、環境史の視点から改めて中国の歴史発展の中での3つの重要な問題を解釈し、環境史の新たな考えを採用することを通じて、中国の環境ガバナンスを中華文明史の中で時間的・空間的に適切に位置付けるものである。ここで3つの重要な問題とは、まず、なぜ中華文明は他の三大文明のようには中断せず、長く続いて絶えなかったのか。次に、先進国であった中国が近代の入口に入るとき、立ち後れていた西欧国家になぜ遅れたのか。3番目は、現在の経済成長モデルの主導の下で中国は平和的に立ち上がることができるのか。第2章「中国環境政策の変遷と成果」と第3章「中国環境政策と環境ガバナンスの新展開」

は、中央政府が環境政策を決定し、実施することを通じて環境ガバナンスを行うプロセスとその成果、そして中国の環境政策と環境ガバナンスに存在する問題を分析している。第4章「社会転換の中の中国環境NGO」は、中国環境NGOの発展とその役割について分析し、調和社会を構築する過程で環境NGOがどのような発展傾向を示すかについて自分の考えを提起している。第5章「西部大開発における生態建設――陝西省北部を中心に」と第6章「グリーンオリンピックと北京」は、環境ガバナンスにおける地方政府独自の役割を分析している。前者は陝北地方の農村の生態修復と建設に注目し、後者は国を挙げての体制のもとで北京市が短期間のうちに環境を改善した努力に注目している。第7章「東北アジア地域の環境問題と環境協力」と第8章「東北アジア環境文化の交流と建設」は、中国の経済、文化、環境との関係が最も密接である東北アジアに注目し、環境協力の原動力、現実の障害、そして将来の見込みを分析している。また環境文化史の変遷を明らかにすることにより、東北アジアの環境協力と環境文化の構築が東アジアの復興に役立つだけではなく、世界文明の転換モデルに対して東アジア文明の特色ある新たなモデルを提供する可能性があることを導き出している。

　注意深い読者は、本書の中で中国の環境ガバナンスにおける市場あるいは企業の役割については論述していないことに気付くであろうが、確かにその通りである。中国が実践してきたのは社会主義市場経済であり、政府指導の前提のもとで市場の役割を発揮してきたのである。環境ガバナンスを必要とする市場機構は健全ではなく、企業が積極的に環境ガバナンスを行うインセンティブも見えない。このような背景のもとで、一部の企業は地方政府自身の利益最大化のための保護の対象になっていたが、企業は環境汚染と損害の直接の責任者であり、環境ガバナンスの主要な対象となっているのである。このことからもわかるように、中国の環境ガバナンスは上から下へと始まり、実施されてきた。政府は行政と政治の優位性を利用して、国家の環境保護政策を強制的に推進してきたのである。これに対して公民社会・市場はわずかしか参加しておらず、政府と公民社会・市場の取組みはきわめて対照的なものになっている。この状況は、この30年の

間に経済改革が進み、政治改革が遅れ、強い国家と弱い社会という不均衡な発展を真に表したものである、ということに疑いを挟むものではない。ある意味では、中国が平和的な発展に向けて立ち上がるためには、まず環境への配慮に向けて立ち上がる必要がある。中国の環境ガバナンスが将来に向けて強化すべきなのは、3本のダイナミックなメカニズム力を均衡させることである。これは、中国の改革開放事業を深く発展させ全面的に推進させることによっている。

　本書は、北京大学アジア太平洋研究院と桜美林大学による共同研究プロジェクトの成果の一部である。また私が桜美林大学客員教授として日本において学術研究に携わったことの1つのまとめでもあり、桜美林大学から出版資金援助を受けたものである。ここで、桜美林大学学長佐藤東洋士教授、副学長寺井泰明教授、桜美林大学日本言語文化学院院長張平教授、桜美林学園理事・客員教授である東京都議会議員小礒明先生に心より感謝と敬意を表する。諸先生方は私を桜美林大学の客員教授として招く際にも、本書の出版のための補助金の申請をする際にも、そして出版社を探す際にも、他に代わりえない重大な役割を発揮してくださった。客員としての1年という時間は短いものであるが、学園の一木一草に至るまで手放し難き思いが生じた。日本を離れるときに何一つ持っていくことはできないが、この気持ちはいつまでも心に留まるであろう。そして、恩師何芳川教授と佐藤学長が共同で立ち上げた両大学の交流活動がさらに大きく盛り上がり、広く深く全面的に進み続けることをお祈り申し上げる。

　2009年1月1日
　　　　　　　　　　　　　　　　桜美林大学其中館404室にて
　　　　　　　　　　　　　　　　　　　　　包　茂　紅

中国の環境ガバナンスと東北アジアの環境協力／目次

はしがき……3

第1章 資源環境と中国歴史の歩み……15

はじめに……16
1 資源環境と中華文明の起源および移動……17
　1.1 黄河文明の発展と資源環境　17
　1.2 黄河流域の生態環境変化と文明中心の南への移動　18
2 苦難に満ちた中国の近代工業文明への転換と資源環境……21
　2.1 人口の急増による資源環境の劣悪化　21
　2.2 「生態制約」による農工業の歪な発展　23
3 現代資源環境と中国の「持続可能な発展」……26
　3.1 非効率な経済発展による環境破壊の実情　26
　3.2 規制の実効化と認識の変化の必要性　31
　3.3 科学的な発展に向けての対応措置　32
4 結　論……36

第2章 中国環境政策の変遷と成果……39

はじめに……40
1 中国環境政策の形成と発展……40
　1.1 社会主義国家であるが故の環境無策の時代　40
　1.2 問題の深刻さが認識させた環境政策の必要性　41
　1.3 具体的な環境政策の始まり　42
　1.4 「改革開放」の時代の環境政策　44
　1.5 現代における環境保護政策の新局面　46
2 中国環境保護政策の執行および成果……48
　2.1 環境規制の執行の実態　48
　2.2 中国環境政策の主要な成果　49
3 中国環境政策の発展および執行過程における障害と問題……54
4 結　論……60

第3章 中国環境政策と環境ガバナンスの新展開 …… 61

はじめに……62
1 中国環境政策の新しい模索……62
　1.1 中国環境政策の現段階　62
　1.2 省エネ・排出削減政策の具体的内容　64
　1.3 生態系建設の推進　66
　1.4 情報公開と公衆参加の制度　67
　1.5 その他の政策　68
2 中国環境保全における顕著な矛盾……69
　2.1 目標達成の困難性　69
　2.2 制度の不完全性　70
　2.3 妨害勢力による抵抗　71
3 4回の環境保護集中取締り活動……75
　3.1 環境保護監察センターの設立　75
　3.2 国家環境保護総局による集中取締り活動　75
4 中国環境ガバナンスの新しい動き……78
　4.1 「三つの転換」と政府の積極姿勢　78
　4.2 グリーン化のための具体的施策の内容　80
5 結　論……85

第4章 社会転換の中の中国環境NGO …… 87

はじめに……88
1 中国環境NGOの設立と発展……88
　1.1 環境NGOの歴史　88
　1.2 環境NGOの設立の態様　91
2 中国環境NGOの現状と役割……95
　2.1 中国環境NGO組織の政府との関わり　95
　2.2 中国環境NGOの財政基盤および職員構成等　96
　2.3 環境NGO活動とマスコミ・政府との関係　97
3 中国環境NGOの活動と役割……98
　3.1 グリーン生態文明建設のための宣伝活動　98
　3.2 直接的な環境保護活動　99
　3.3 法律上の支援活動　100
　3.4 環境政策へ影響を与える活動　100
　3.5 国際交流・協力活動　102

 4　環境NGOと環境友好型・調和社会の建設……103
  4.1　国家環境政策の中でのNGOの役割　103
  4.2　環境NGOと民政部との軋轢　105
  4.3　体制内でのNGO活動の事例　106
  4.4　今後のNGO活動のあり方　108
 5　結　論……109

第5章　西部大開発における生態建設 ……111
——陝西省北部を中心に

 はじめに……112
 1　西部大開発と生態建設　112
  1.1　西部大開発の意義と内容　112
  1.2　西部大開発の背景事情　115
  1.3　西部大開発の具体的成果　117
 2　陝西省北部の生態環境建設……119
  2.1　生態環境建設の具体的施策　119
  2.2　退耕還林プロジェクトの事例　121
  2.3　砂漠化防止の英雄・石光銀　123
 3　生態建設政策と政策執行過程における地方政府の役割……125
  3.1　中国における地方自治の範囲　125
  3.2　陝西省弁法と共和国防砂治砂法、退耕還林条例との関係　127
 4　結論と啓発……131

第6章　グリーンオリンピックと北京 ……133

 はじめに……134
 1　「グリーンオリンピック」理念の形成……134
  1.1　近代オリンピックの歴史と環境問題　134
  1.2　グリーン化への対応　138
 2　2回の北京オリンピック招致と環境……140
  2.1　2000年オリンピック招致敗北の原因　140
  2.2　2008年オリンピック招致に向けての戦略　143
  2.3　「グリーンオリンピック」実現に向けての体制　145

3　グリーンオリンピック・イン・北京……146
- 3.1　グリーンオリンピックのための具体的対策　146
- 3.2　大気汚染の改善方策　148
- 3.3　水問題への対策　150
- 3.4　ゴミ問題対策　150
- 3.5　生態建設と環境教育　151
- 3.6　懸念の払拭　153

4　北京オリンピックのグリーン遺産とその意義……154
- 4.1　グリーンオリンピックの物質的・精神的遺産　154
- 4.2　グリーンオリンピック開催の意義　156

第7章　東北アジア地域の環境問題と環境協力 ……159

はじめに　160

1　東北アジアの地域環境問題……160
- 1.1　北西風にのる酸性雨　160
- 1.2　汚染物質の流入による海洋汚染　162
- 1.3　遺伝子資源に悪影響を及ぼす生物多様性の喪失　163
- 1.4　砂漠化に伴って深刻化する砂塵暴　164

2　東北アジア環境協力の原動力……166
- 2.1　密接に関連している東北アジア諸国間の環境　166
- 2.2　経済統合が促進する東北アジア環境協力　167
- 2.3　産業構造の違いにより移転される環境問題　168
- 2.4　国際関係の進展によるこれからの地域環境協力　170

3　東北アジアの環境協力の類型……171
- 3.1　二国間環境協力　171
- 3.2　多国間環境協力　173
- 3.3　非政府組織と活動家の協力　175

4　東北アジア環境協力進展の緩慢さの原因と努力を要する重要点……176
- 4.1　国情の違いによる環境協力に対する温度差　176
- 4.2　地域環境問題に対する認識の違い　178
- 4.3　歴史的経緯に基づく問題　179
- 4.4　問題克服のための提言　180

5　結　論……183

第8章　東北アジア環境文化の交流と建設 ……185

はじめに……186
1. 古代東北アジアの環境文化……186
    1.1 東アジア文化圏における儒家思想の形成と伝播　186
    1.2 日本における儒家思想の吸収と独自の展開　188
    1.3 朝鮮における儒家思想の発展　189
    1.4 東北アジア地域における環境思想の共通性　190
2. 近代における西洋の環境文化の東北アジアへの移植……192
    2.1 西洋近代思想の東北アジアへの流入　192
    2.2 農業近代化による日本農業の変容　192
    2.3 西洋農学の中国への伝播　194
    2.4 西洋農学の普及と植民地化による朝鮮農業の変質　197
    2.5 東北アジアにおける有機生態農業の必要性　198
    2.6 日本の公害問題とその原因　199
    2.7 韓国・中国の環境問題とその要因　201
3. 現代における東北アジア環境文化の交流と建設……203
    3.1 日本における環境保護法制の整備　203
    3.2 韓国における公害対策と環境保護政策の導入　205
    3.3 中国における環境文化建設の流れ　206
    3.4 東北アジアにおける環境協力の可能性　209
4. 結　論……213

訳者および担当章一覧……215

あとがき……217

第1章
資源環境と中国歴史の歩み

はじめに

　資源環境は人類歴史発展の基礎であり、歴史構成上の重要な要因の1つである。しかし、歴史の研究や編纂をするとき、資源環境は往々にして人類の歴史の外に置かれ、歴史書の第1章に背景資料として触れられるにとどまっているのが実情である。たとえ環境の話題に触れても、定着している「環境決定論」（Environmental-determinism）の論点や、マルクスの言う「環境が人類社会に与える影響は人類の技術レベルの向上につれて小さくなる」という論点にとらわれ、資源環境の歴史発展における役割を正しく定義することができなかったというのが実情である。この状態は1960、70年代に入ると、変わってきた。その当時起こった環境主義運動（Environmentalism）は歴史学界を動かし、人々は環境の歴史への役割を改めて考えさせられるようになった。環境歴史学はまさにその気運に乗じて生まれ、すぐさま、戦後の歴史学に新たなスポットライトを与える存在の1つになった。90年代後半には環境歴史学が中国に伝えられ、今や盛んに発展しているところである[1]。中国の情勢も大きく変わってきた。主な変化として、「科学的発展」という思想の樹立と実現が挙げられる。それに伴って人類と自然との調和の取れた発展の実現が目標として求められるようになってきた。現実からの要請と史学範疇の転換は互いに促進させられ、今や、環境歴史学研究の発展は目覚ましいものがある。また、環境歴史学は伝統の歴史学を大きく修正し覆した。環境歴史学では、歴史と人、人と人との関係の研究にとどまらず、生態学全体論（Holism）と有機論（Organism）の観点、さらには歴史上の環境、生態と人間社会との相互影響をも含めた幅広い研究領域を対象とする[2]。本章は環境歴史の視点から、資源環境の変化と中国歴史との関係を検討し、資源環境が中国歴史上の重要な時期においてどのような役割を担っていたかを解明しようと試みるものである。本章は3節から構成されている。第1節では資源環境と中華文明の起源および移動、第2節では「三千年持続不可能な発展」と中国近代工業文明の転換、第3節では資源環境と中国の「持続可能な発展」につい

て述べる。

1　資源環境と中華文明の起源および移動

1.1　黄河文明の発展と資源環境

　周知のとおり、中華文明は長い歴史を持っている。しかし、中華文明の起源は一箇所か、複数箇所かについては意見が分かれている。とはいえ、黄河流域の文明は中華古代文明の核心であり主体であるという論点については、学者たちの共通の認識といえるだろう。文字、都市、金属器具、祭祀に使うもの、大型建築物などの出現は文明の象徴とされている。また、生産力の発展は文明の出現および進歩の原動力である。そして、資源環境は生産力の発展に欠かせない基礎と原動力である。生産活動、特に農業生産活動は自然と人間との活動を織りなし完成する過程である。一般的に、環境が悪すぎると、文明の出現と進歩をもたらすことができないといわれている。と同時に、環境が良すぎると、文明の出現や発展の誘発要因がなくなってしまうともいわれている。ところで、どうして中華文明の核心は黄河流域からといわれるのだろう。

　現在から4000〜5000年前の資源環境が黄河文明を育んだ。今から5000年前、世界中の気候は最適期から乾燥期に変わっていたが、黄河の中流下流地域は現在と比較して、湿潤な気候を保っていた。竺可楨の研究によると、その当時の黄河の中流下流の年間平均気温は現在より2度ほど高かった[3]。温暖な気候は農作物の成長に良い条件を整えてくれた。当時、森林の占める割合も今よりかなり高かった。黄河の中流下流地域には森が茂り、水が潤沢に流れていた。それにより、狩猟や採集、漁業、農耕にとても適していた。特に、そこの周辺には黄色い土壌が分布しており、その土壌の

---

1) Bao Maohong, "Environmental History in China", *Environment and History*, Vol. 10, No. 4, November 2004, pp. 475-499.
2) 参考：包茂紅「環境史——歴史、理論と方法」『史学理論研究』2000年第4期。
3) 竺可楨「中国近五千年気候変遷的初歩研究」『中国科学』1973年第2期。

質が栄養豊富で軟らかいため、耕作しやすいうえ、生産量も高かった。そのような環境のもとで、古代人は森から出て、農耕生活に定着しやすかったのである。農業生産力の向上につれて、階級が分化され、紀元前21世紀に国家が形成され、夏という時代が始まった。その時期の出土物に甲骨文字に近い文字や、固められた城跡の跡、祭祀に使う鼎などが見つかった。秦の時代と漢の時代に、黄河流域ではすでにミカン、竹、漆、桑などの亜熱帯植物を栽培することができたと考えられる。これは『史記・貨殖列伝』に明確に記されている。充分な植物の提供と有利な生活生産環境のおかげで、中華文明は歴史上初の輝かしい時代を迎えた。隋の時代と唐の時代には、中国歴史上での第3の温暖期が始まった。当時、都の長安では、梅、ミカンなどの亜熱帯植物を栽培することができた。また、冬になっても雪が降らなかった。温暖な天候が民の生活を穏やかにし、安定した国家基盤を打ち立て、未曾有の太平の世を作り出した。

1.2 黄河流域の生態環境変化と文明中心の南への移動

　しかし、長期にわたる開発は黄河流域の生態環境に大きく影響を与えた。森林は広範囲にわたって伐採された。中国の中部平原は唐や宋の時代から、すでに森がなくなっていた。河南省の森林は北宋の時代には、わずか6分の1から7分の1しか残っていなかった。その頃、中国の気候も大きく変わった。温暖期が終わり、寒冷期が訪れた。北方地区は寒いため、黄土高原の表土が流失し、土壌が貧弱化し始めた。そのため、地表に侵食による溝が至るところに現れてきた。黄河は後漢以来、穏やかに流れる状態が終わり、土砂が沈殿し、下流には災害が頻繁に起こるようになった。華北平原では黄河の頻繁な氾濫によって土壌の砂漠化と塩害が起こった。降雨量の減少は、北方の湖沼地の縮小、枯渇、埋没現象を引き起こし、さらに農業の生産高にも影響を与えた。年間降雨量が100mm減少するごとに、農耕地区は100km東南方向へと移動した。北方地区は水源不足のため、農業から牧畜業に転換し、集約型経営が粗放型経営に後退した。また、北方地区の気温の低下も植物の成長に影響した。年間平均気温が2℃下がるごとに、植物成長地域は南へと、緯度で2～4度移動する。唐の時代には広

く分布していた長江北部の水稲栽培は、宋の時代になるとすでに衰えており、桑の樹木と柑橘類の栽培地域も南へ緯度にして2度から8度ほど、移動した。生態環境の変化が及ぼす農業生産活動への最も大きな影響は生産高の減少である。宋の時代には前の時代に比べて8.3％減った。唐の時代は1畝（ムー；「ムー（畝）」は中国の面積の単位で1畝は約6.67アール——訳注）当たりの粟の収穫量が3.81石だったのが、宋の時代になるとわずか1.072石までに落ちた。しかし、宋末には南方地域では1畝当たりの穀物の収穫量は4.288石に達し、唐の時代の3.81石より12.5％増えた[4]。宋の時代以後、南方の資源環境は北方に比べて、より農業経済の迅速な発展に適していたのは明らかである。

　南方地区は宋の時代まで北ほど発展していなかったため、森林が保存されていた。それによって、水と地力を保ち、有効に気候を調節することができた。また、手工業の発展にエネルギーと資源を提供することができた。寒冷期は南方には影響が少なく、南方の湖の面積はかえって大きくなった。そこで、水源を利用した水利工事が盛んになり、食糧の生産基地になった。土壌を改良し、山地や盆地に対して段々畑や溝で畑を囲む技術が採用され、地力を高めた。南方の農民たちは、さらに長年の経験によって、堆肥施肥の技術を考え出し、北方農民たちのように自然にだけ頼って地力を高めるというやり方を止め、持続的に高い生産高を維持する土壌を作り出した。自然環境の変化はさらに経済や社会の中心の移動を促した。食糧生産基地の移動は税金徴収の割合の変化と一致するものである。唐の天宝8年（749年）に徴収された各種農産物の割合は北方地区が75.9％だったが、北宋元豊年（1078-85年）になると、北方地区の割合は全国の54.7％しかなかった。明の洪武年（1368-98年）には、35.8％までに落ちた。同時に、中国の人口分布も南へと移動した。漢の時代には南北の人口比率は1：3だったが、宋の時代には36.5：63.5になった。その後元の時代以降、3：2の比率が保たれてきた。いうまでもないが、宋の時代の戦乱や情勢の不安定も人口の南への移動に影響があった。しかし、戦乱などの要因による人口の

---

[4] 呉慧『中国歴代食糧生産高研究』農業出版社、1985年、154、159-161頁。

移動は平和が訪れるにつれて回復するものである。宋の時代以降の中国の人口移動は偶然の要因（例えば戦乱）によるものではなく、環境の変化によるものである。街づくりも経済の中心の移動によって変わった。唐の時代には、町の分布が黄河流域から長江流域へと移動したが、宋や元の時代となると、都市や都も東南経済の中心地区へと移動した。元や明の時代には都を北京に据えたが、大運河を使って、東南経済の中心地区につなげていた。経済の中心の移動につれて、文化教育の面においても重心が南に移動してきた。唐の時代には、文筆家の南北比率は4.1：5.9であり、科挙試験の進士（最終合格者）の上位10人は主に北出身の人だった。傑出した専門家は、北方出身104人、南方出身52人だった。しかし、宋の時代になると人材の地域分布は大きく変わってきて、南北文筆家の比率は6.8：3.2となった。明の時代には比率はさらに変化を見せ、8.7：1.3であった。明の洪武4年（1371年）から万暦44年（1616年）までの間で、各科目の上位4名の中に、南出身者は88％を占め、北出身者はわずか12％しかいなかった。最終合格者のデータから見た、上位5位の者の出身地区は浙江省、江蘇省、江西省、福建省と、すべて北の都地区である[5]。その繁栄振りを当時の言葉を借りて言えば、いわゆる「東南は財物の地、江蘇・浙江はまさに文人の藪」である。中国経済文化の中心は宋の時代以降、変わることなく、歴史発展の構造は定着した。

　中国の古代文明史と他国の古代文明史とを比較してみればわかるが、中華文明は途切れたことがない。学者たちはそれについて様々な説を出した。例えば、中国の統一体制、統一文字の使用などが文明の連続性に貢献していると主張する学者がいる。しかし、彼らは環境の要因は見落とした。もし環境の変化による文明の中心の南への移動がなければ、黄河流域の文明も他国の文明と同じように途切れてしまっただろう。つまり、生産力の飛躍的な進歩がない限り、農業文明の過度な発展はエネルギーを消耗し尽くすことになる。唯一の助けは重点地域の平和的な移動である。したがって、中国の経済重心の南への移動が中華文明の継承を支えたといえるだろう。

2　苦難に満ちた中国の近代工業文明への転換と資源環境

2.1　人口の急増による資源環境の劣悪化

　紀元前500年から1949年までの約2500年間、中国の人口は著しく増加してきた。紀元前の人口は約5000万人だったが、紀元1000年になってからしばらくして、人口は1億人余りに達した。18世紀初めに2億人を上回り、1850年頃に4億人を超えた。同時に、中国の経済はおおむね、世界経済をリードする地位を占めていた。経済学者のアングス・マディソンの研究はこのことを証明した。彼は、ヨーロッパの産業革命が終わるまでは、中国とヨーロッパ（旧ソ連地域を除く）は世界の2つの最大経済圏だったと主張し、1700年では、中国とヨーロッパの国内総生産は、それぞれ世界各国の国内総生産の総額の23.1%と23.3%、1820年では33.4%と26.6%だったと考えている。インド、日本、米国とロシア（旧ソ連地域）では、1820年におけるそれぞれの比率は15.7%、3.0%、1.8%と4.8%であったと述べた。1700～1820年の間の国内総生産の成長率を見ると、中国もヨーロッパも、米国とロシアに次ぐ最も成長の速い地域だとわかる。中国は0.85%、ヨーロッパは0.68%で、どちらも世界平均の0.57%より高かった。中国は日本より0.21%、インドより0.26%高い成長率を遂げた。しかし中国はこのときに、1.74倍にしか人口が増えなかったヨーロッパに対して、人口の増加率が2.76倍に達した。そのため、中国の1人当たりGDPは1280年に600ドルまで達して以降、1820年までの間には全く増加しなかった。その後は、さらに幾分か下がった。一方、ヨーロッパの1人当たりGDPは1280年に500ドルに達し、1700年にようやく中国を上回って870ドルまで達した[6]。この数字は中国の経済発展の持続不可能性を物語っている。マーク・エルビン（Mark Elvin）教授はさらに次のように述べた。「中国経済はそのとき、

---

5) 藍勇『中国歴史地理学』高等教育出版社、2004年、315頁。
6) Angus Maddison, *Chinese Economic Performance in the Long Run*, Paris: Development Centre of the Organization for Economic Co-operation and Development, 1998, pp. 25, 40. 李伯重『江南の早期工業化1550-1850』社会科学文献出版社、2000年、15頁より引用。

多くの分野において当時の世界トップレベルに達していたが、継続的な発展を遂げるための可能性をほとんど失っていた。……中国は内部資源を基礎にする産業革命を作り上げることはできない。」[7] それは何故か？　それと中国の当時の資源環境の状況とはどのような関係があるのか？

　古代中国においては、環境を利用した結果、非耕作食物が減り、最大限に園芸型の、高度労働集約型の農耕に転向しなければならない状況だった。このような農業発展は、資源がきわめて少ないという条件のもとで、大量に労働力と資本を投入した結果であった。しかし、人口の大きな増加は、ボセラプ（Ester Boserup）の言うような技術の進歩を促さなかった[8]。逆に、「経由地依存」（Path Dependence）のため、「技術閉鎖」（Technological lock-in）という現象が起きた。そこで、広大な農耕地区に生態上の緊迫状態がもたらされた。利用可能な土地はすでにくまなく開拓され、利用不可能な地域は侵食と退化が始まり、質の良い田畑が不足していた。水利工事のできる地域もなくなり、木材貿易による大量伐採のため、森林が消えた。多くの地域は家屋、船舶、機械製造に必要な材木が不足していた。燃料、紡織繊維、役畜もすべて需要に応じることができなかった。金属、ことに銅、鉄、銀も供給不足であった。外来の植物を導入することで、食糧不足はある程度緩和されたが、このような農業による持続不可能性を根本的に解決することができなかった。これらのすべては帝国がこれまで頼ってきた自己が存在するための資源環境を破壊する原因となった[9]。

　帝国社会後期の工業に、農業が発展する過程で現れてきた問題に類似した問題が起こり、「省エネ（energy）省材料型」工業構造が現れた。紡績業・製油業・精米業・酒造業・服装業・印刷業は急速に発展したものの、現地での原材料の供給能力は現地での消費能力を超えていた。他方、重工業の発展は非常に緩やかであった。造船業の発展はわずかに進んでいたが、船は主に砂の運搬に用いられていた。鉱業や冶金業・機械製造業では、ほとんど発展が見えなかった。江南での初期工業における、このような構造はもちろん現地の資源状況や限られたエネルギー環境との間に密接な関係があった。牧畜の労働力は製油や、精米、精粉などの業界において、部分的に使われただけであった。水力は浙西山区の製紙業にだけ使われて

いた。風力は沿海に限られていた製塩工業で使われ、工業に使われていた主な動力はやはり人力であった。燃料の利用構造は、主に（木）炭、まき、アシであり、石炭ではなかった。工業に使われた原材料は主として木材と竹が挙げられ、金属ではなかった。江南地域は大規模の炭鉱と金属鉱がなく、明・清の時代になってからは、木材も欠乏してきた。その上、ほかの地方から輸入するのに必要な費用を支払う能力もなかったので、「省エネ省材料型」の軽工業を発展させるほかなかった。江南地域の優れた条件は労働者が多く、その素質が高いことにあった。これは労働集約型産業の発展に適し、高付加価値の贅沢品と高品質の製品が産出されていた。その他に、江南地域の綿と蚕糸の供給は十分あり、もみと大豆も地方から簡単に運び入れることができ、江南地域の軽工業の発展に十分な原材料が供給された[10]。

2.2 「生態制約」による農工業の歪な発展

　この時代は農業から見ても工業から見ても、中国の発展はいまだ経験したことのない「生態制約」（Ecological Constraints）に見舞われていた。この制約の程度がヨーロッパの場合と比較してどちらが進んでいたかについて、学者によっては異なる見解があった。カリフォルニア大学アーバイン分校（University of California, Irvine）歴史学のケネス・ポメランツ（Kenneth Pomeranz）教授は、西暦1800年以前にはヨーロッパの環境による制約は中国より大きかったと述べた[11]。しかし、エルビンは中国の環境史を詳しく研究した後に、逆の結論を出した。彼はその当時でも、中国

---

7) 包茂紅「中国環境史研究：伊懋可 (Mark Elvin) 教授インタビュー」『中国歴史地理論叢』2004年第1期、130頁。
8) Ester Boserup, *The Conditions of Agricultural Growth: The Economics of Agrarian Change under Population Pressure*, London: George Allen & Unwin, 1965.
9) Mark Elvin, "Three thousand years of unsustainable growth: China's environment from archaic times to the present", *East Asian History*, No. 6, 1993, p. 11.
10) 李伯重、前掲書、455-514頁。
11) Kenneth Pomeranz, *The Great Divergence: China, Europe, and the Making of the Modern World Economy*, Princeton: Princeton University Press, 2000. 彭慕蘭、史建云訳『大分流：欧州、中国および現代世界経済的発展』江蘇人民出版社、2003年、第3部分。

の環境による制約はヨーロッパより大きかったと主張している[12]。彼らは中国とヨーロッパに現れた人口の移動に対して、それぞれの見解を述べた。中国がヨーロッパのように急速に工業化することができなかった主な原因は、人口の増加ではなく、それまでずっとリードしてきた中国の技術が停滞したことにあるとエルビンは述べた。「伝統的な経済が発展すればするほど、利益の得られる発明が行われにくくなる。農業生産剰余の減少と1人当たりの需要の低下、労働力がますます安値になったことにより、資源と資本の価値は相対的に高くなった……農民と商人から見た合理的な資源の獲得は、労働力を節約することではなく、経済的に資源と固定資本を運営することになった。……一度何らかの不備が現れると、低価格の運送による商業の流動性は機械を発明することに比べて、もっと迅速に安易に調整することができた。このような情勢は"バランスの取れた落とし穴(High-equilibrium trap)"だ。」[13] しかし、この理論は中国がどうしてヨーロッパの技術を導入して経済のモデルチェンジ、もしくは独自の工業化を実現することができなかったかを解釈するものではなかった。李伯重はこれに対して、同様に疑問を投げかけた。彼は、当時の中国人は機械の製作原理と効率を知らなかったわけではないが、中国はイギリスのように鉄製大型機械をつくることができるようには発展していなかった、機械の模型があったとしても、消防に用いられたくらいで、立て坑の排水には使われなかった、中国の科学技術が停滞していたとも言い切れない、経済発展の中で、新しい科学技術の応用に対しての需要が足りなかった、と主張した[14]。実際には、科学的な創造および技術更新には、どれも生態系を分析した上での文化的構築が必要である。環境は技術革新に対して、挑戦と可能性の課題を提起すると同時に、また制約をももたらす。

　ポメランツは、これについて深く研究を重ねてきた。彼は、西暦1800年までにはヨーロッパと中国は生態的な制約が迫ってきたことに直面したが、しかし、石炭のような鉱物燃料を大規模に開発したことと広大な植民地の資源により、ヨーロッパの苦境は緩和され、最初に工業化の道に進んだと理解している[15]。合成肥料、合成繊維と化学合成物によって経済的で安い鉱物エネルギーが出現する前に、労働と資本の内に制限が存在して

いた。これらの制限によって、人口の増加、1人当たり消費の増加とともに、ある地域の工業化が進んでいく。さらに、19世紀の高成長期を迎えてこの事態はなおさら進展するようになった。貿易は、幾分かはその解決に寄与したものの、これらの問題を全面的に解決することはできなかった。しかし、ジャガイモの優良品種を移植することによって、ヨーロッパの人々は土地1エーカーごとの前例のない数量のカロリーを生み出した。熱帯の植民地から得た生態に関する知識は、ヨーロッパの自然資源と環境を保護することに役立った。新大陸では、また大量の物産、例えば綿、砂糖、穀類、木材、肉類と羊毛など、土地集約型の製品が生産され、海鳥の糞のような地力回復に使えるものも提供された。イギリスの炭鉱は、水運の活発な地区や、ヨーロッパで最も商業活動の盛んな地区にも近く、その他熟練している手工業者のいる地区に近い。このため石炭の採掘と応用が急速に発展し、それらの理由で木材に取って代わっただけではなく、それまでの木材燃料の歴史を覆し、蒸気機関、製造業などに木材では提供できない動力を提供した。

　中国では昔から石炭を使用する歴史があったが、12世紀から14世紀にわたり、一連の天災・人災で華北地区の石炭生産は回復しなかった。また運送コスト高で、江南地区の工業化中枢に必要な石炭が届かなかった。したがって、ヨーロッパのような経済的な突破口が現れなかった。中国には植民地がなかったが、対外貿易はあった。しかし、その程度の対外貿易では中国の各地区の分業化をもたらすことはできなかった。例として、西北地区の石炭は燃料が不足する江南地域に届かなかったことが挙げられる。それどころか、各地区では比較的完備した自給自足の生産体系が成し遂げられた。大規模な国内貿易がなければ、コストダウンすることはない。資源は合理的に分配しなければ、効率的に利用することができない。上述し

12) Mark Elvin, *The Retreat of the Elephants: An Environmental History of China*, London: Yale University Press, 2004, p. 460.
13) Mark Elvin, *The Pattern of the Chinese Past*, Stanford: Stanford University Press, 1973, p. 314.
14) 李伯重、前掲書、455–514 頁。
15) 彭慕蘭、前掲書。

たように、中国は歴史が長く、延々と続いてきたが、近代工業文明に通じる入り口でためらって進まなかった。"発達した有機的な経済"から"鉱物によるエネルギー式経済"への転換の過程に向かっている途中で、世界トップの地位を引き続き維持する貴重なチャンスを中国は失った。中国の経済は本質的に耕作農業という軽構造経済であるため、これへの対処法は明確な特徴である有限な資源のもとで大量に労働力を投入することによって、労働生産性と経済総生産を促進することであった。このようないわゆる"スミス（Adam Smith）型増加"は、技術に対して決して改善を強く求めない。逆に資源環境に対して多大な依存と圧力を持つようになった。経済成長の将来性と転換は、適時に資源の転換や、環境容量の拡大を行うことができるかどうかによっている。石炭の使用と植民地の拡張（歴史学者は"歴史上かつてない生態系からのぼろもうけ"と言っている[16]）は、ヨーロッパが率先して現代工業文明に発展する上で重要な役割を発揮した。この2つの要素が備わっていないことで、中国は"立ち後れる者はやられる"のような悲惨な立場に陥った。中国での人口と経済の中心の移動は、ヨーロッパのそれとは異なり、資源環境が中国歴史の転換において重要な役割を担い、生態環境の限界と生態受容量が中国の発展を制限し、中国が世界における役割を制約されたことを証明した。

3 現代資源環境と中国の「持続可能な発展」

3.1 非効率な経済発展による環境破壊の実情

　中国がまだ自分は"天朝の大国"という夢に浸っていたとき、西洋列強の鉄船大砲の攻撃により、東方の古い帝国にある防御の象徴としての万里の長城が崩れ始めた。中国は現代化に進む時代に余儀なく巻き込まれて、鉱物によるエネルギー式経済へのモデルチェンジに頼らざるを得なかった。特に1949年の新しい中国の建国後、中国は半植民地の状態から完全に抜け出し、自主的な工業化の道に入った。新中国は一元化指導の中央集権の体制を取った。冷戦時代の国際環境の厳しさとイデオロギーの要因

によって、「追いつき追いこす」型の発展戦略を計画しなければならなかった。この戦略の核心は"生産優先、生活第二"であった。できるだけ早く重工業を発展させることと、食糧問題の解決が重要視された。工業発展において、中国政府は"英を越えて米に追いつく"ような大躍進の構想を提出した。全国ではまたたくうちに、製鉄、製鋼に使う高炉が60数万余り建造され、規模の小さい高炉や焼成炉が5万9000余り、小規模の発電所が4000余り、小規模のセメント工場が9000余り作られた。工業関連の企業数は1957年の17万社から1959年の60数万社に激増した[17]。改革開放後、全国では再び工業化しようという流れができた。たくさんの新工業開発区が開拓され、郷鎮企業は東南部の沿海地区の至るところで著しい発展を見せた。中国工業の年平均成長率は、1951年から1980年の間で12.5%までに達した。工業の生産高は工業と農業を合わせたGDPの中で17%から70%ぐらいまでのシェアを占めるようになり、同時期のどの国よりも高い成長率が示された。

　農業では、食糧の総生産高を高めるために耕地の面積を増加しなければならないが、利用に適する土地はすでに開墾し尽くされてしまっていた。自然と闘って生態環境条件の悪い地区に進むほかなかった。主な手段として、森林、草原を開墾し、湖を埋め立てて農地にした。1957年から1977年までの間に、新しく開墾した農地は2100万ヘクタールに、放牧（畜産）地区において開墾した草原の面積は3000万ヘクタールに達した。中国は主に自分自身の農業生産に頼って、絶えず増加する人口を養った。中国は現代化建設によって、世界中に認められる偉大な業績を得た。しかし、このような成長のおかげで、資源環境との対立はますます際立ってきた。"高投入、高消耗、高排出、非協和、低循環、低効率"といった継続不可能性を呈した。中国工業の成長はほとんど物質的な資本の追加投入に頼って得たものである。資源利用率と環境へのマイナス影響を軽減する指標が、

---

16) E. L. Jones, *The European Miracle: Environments, Economics and Geopolitics in the History of Europe and Asia*, Cambridge: Cambridge University Press, 1981, p. 84.
17) 李周・孫若梅『中国環境問題』河南人民出版社、2000年、3頁。

先進国に比べて大変低いだけではなく、場合によっては他の発展途上国より低い。

　建国後50数年で中国のGDPは10数倍に増大した。しかし、鉱物資源の消費量は40数倍に増えた。火力発電による石炭の消費率は世界先進国の水準より22.5％高い。大手・中小規模の鉄鋼企業は、製造1トン当たりの消費エネルギーが21％高い。セメント製造エネルギーの消費量は45％高い。エチレン総合エネルギーの消費量は31％高い。車の燃費はヨーロッパより25％悪い。トラックの100トンキロの燃費は先進国の水準に比べて倍以上高い。建築物の単位面積当たりの暖房のエネルギー消費量は、気候条件の近い先進国の2〜3倍に相当する。工業において1万元の生産高を創出するために使う水の量は100m^{3}で、先進国の10倍である。鉱物資源の消費から見ると、現行の為替レートのもとで、中国において1万ドルのGDPを創出するために消費する鋼材、銅、鉛、亜鉛はそれぞれ、世界平均水準の5.6倍、4.8倍、4.9倍と4.4倍である。高消耗と引き替えに手にした高成長は、必然的に高排出と高汚染をもたらし、GDP1単位ごとの排水量の増加は先進国より4倍多い。1単位の工業生産高を産出するために廃棄した固体廃棄物は先進国より10数倍多い。2003年に中国の工業排水と生活廃水の総量は453億トンであった。その中の化学的酸素要求量（COD）は1348万トン排出され、世界一になった。二酸化硫黄の排出量は2120万トンで世界一である。二酸化炭素の年排出量は米国に次いで、世界第2位になっている。毎年の工業固体廃棄物は10億トン近くになっている。

　このような状況に置かれていながら、中国の資源回収率はまだ比較的低いレベルにあり、総合利用率は高くない。中国のエネルギー利用率は33％、工業用水の循環利用率は55％、鉱産物資源の総括的な回収率は30％で、それぞれ海外の先進国のレベルより、10％、25％、20％低い。石炭資源の総合回収率はわずか30％くらいで、毎年およそ500万トンの廃棄鉄鋼、20数万トンの廃棄非鉄金属、1400万トンの紙くずと、大量の廃棄プラスチック製品、ガラスなどが回収されないままである。資源からの生産率は国際社会の先進水準より著しく低くなっている。現行為替レートによる計算では、中国の1単位資源からの生産水準は米国の10分の1にあたり、日

本の20分の1、ドイツの6分の1に相当する。中国の標準的な石炭1トン当たりの生産価値は785ドルしかない。これは米国の28.6％に、EUの16.8％に、日本の10.3％に相当する。1m^{3}当たりの水を使用した生産高は、世界平均では37ドルであるのに対し、中国は2ドルしかない。イギリスは93ドル、日本は55ドル、ドイツは51ドルである[18]。

　このような不合理な成長は、深刻な環境の問題をもたらした。北部地区と西部地区の水不足の問題はすでに海外でも知られるまでになっている。全国600余りの都市のうち、3分の2が水不足の状況にあり、その中で6分の1の都市が深刻な水不足に陥った。全国で見ると、なお3.6億の農村部の人口は、十分な飲料水が確保できない。地表にある水の環境バランスが失われている（雨が降らなければ干ばつ、雨が降れば冠水で、干ばつ・冠水の繰り返し）。それと同時に、地下水位も下がりつつある。華北地方の平原では地下水位が毎年1～3mほど下がっている。大気中の粒子状物質が増加していて、一部の都市では、すでにかつての「ロンドン煙霧事件」のレベルに近くなった。多くの大都市では煤煙と自動車の排気ガスの複合型汚染が現れた。ロサンゼルスの光化学スモッグ事件のような汚染現象も現れており、人の居住地として適さなくなってしまっている。1979年の衛星画像から見た資料では、本渓という重工業都市が一面の煤塵のせいで、見えない都市になった。都市の建物の建築材料も深刻な大気汚染をもたらした。北京市による新築高層オフィスビルの抽出検査では、室内のアンモニアの基準を超えた比率は80％、オゾンの基準を超えた比率は50％、ホルムアルデヒドの基準を超えた比率は42％である。室内は汚染され、人は常に頭痛を感じ、息苦しく、いらだたしくて、疲労、皮膚のアレルギーなど、世界保健機関（WHO）が認めている「シックハウス症候群」と呼ばれる病状が現れる。従来のごみが増えていると同時に、新しい電子ごみの増加はすでにピーク期を迎えた。中国では、毎年、廃棄冷蔵庫が400万台、廃棄テレビが500万台、それに廃棄コンピュータが生まれている。研究に

---

[18] 馬凱の2004年の講演「科学的な発展思想を樹立実行し、抜本的に経済成長方式の変換を推進する」による。

よると、コンピュータを1台作るには、700余りの各種の化学原料を必要としている。その中で50％以上は人体に対して有害である。しかし、アジア、特に中国広東省と福建省の一部の地区は費用が安いために、米国で生まれた大量の電子ごみの輸出先になっている。現地の環境は著しく破壊され、汚水が流れ出ている。生物の多様性が激減して、多くの価値ある生き物が絶滅した[19]。

　農業生産では、過度な灌漑によって、華北平原に深刻な塩害が現れるに至った。過度な化学肥料の使用によって、肥沃な田畑の土が固くなった。森林乱伐は現地の小さな生態循環を変えただけではなく、表土の流失と洪水と冠水の災害を増やした。たくさんの大規模な水利施設はそのため、急速に機能しなくなった[20]。湖を囲んで開墾したことで、耕地面積が増えたが、湖の容量は減った。洪水の災害による損失率が高くなった。過度の放牧は、砂漠化を招き、草原が急速に消えていった。「誰が中国を養っていくか」という問題が再び提起された。

　食糧の問題と同時に出てきた問題は深刻な資源不足である。中国では石炭と建築材料の非金属の鉱物を除いて、その他の鉱物を産出する国有の主要鉱山の3分の2がすでに開発後期に入った。「大慶」、「遼河」、「勝利」など東部油田はどれも開発後期に入った。西部で新しい油田を探し出し、東部の油田に替える戦略目標はまだ実現できないままである。中国はすでに最近11年連続で石油を輸入してきた。2003年には、原油、精製油の輸入量はすでに1億トンを上回っていた。鉄鉱石の輸入量は1.4億トンを上回った。銅とアルミニウムの消費量の50％以上は輸入に依存している。今後も資源の対外依存度は一層拡大するだろう[21]。中国の粗放型経済成長方式は依然として多くの環境的にも、経済的にもマイナスとなる問題をもたらしている。例えば国際的恐慌、東西部における経済格差、「三無農民の増加」など社会安定に影響することが現れた。要するに、中国のこのような経済成長方式は生態を著しく破壊し、環境を悪化させるだけではなく、自分自身の発展を継続できなくしている。中国の発展方式は見直しの時期に至った。

3.2　規制の実効化と認識の変化の必要性

　人々は疑わざるを得なかった。環境保護はとっくに中国の基本的な国策として語られ、法制も整ってきた。にもかかわらず、環境問題については局部的な好転しか見られなかった。それは何故だろうか。中国は1972年に「国連人間環境会議」に参加した後、表向きは環境保護を大変重視してきた。中央指導者はいつも環境について話をし、多くの規則と法規を制定した。そして環境保護において、すでに世界発展の流れに追いついたように見えた[22]。しかし、これらの法的規制はなすべき役割を果たしておらず、効果は挙がらなかった。その原因は主に以下のとおりである。第1に、経済の急速な成長と環境保護との間の対立である。国全体が政府から国民まで、何も顧みず金儲けを第一の目標とし、GDPの成長率を業績の評価基準として考えるのなら、環境保護はただ口先だけに過ぎない。第2に、政府から国民までのすべての人に、わが国は発展途上国で、環境保護に関しては国の情勢に合わせて考えるべきだ、とする認識上の落とし穴があった。このような認識により、法に反して環境汚染を行った破壊行為を庇うようになった。第3に、法律があっても法律に基づいた違法性を追及しない現象は至るところに存在しているのである。中国の法体制の中には構造上の矛盾が存在している。立法、司法機関と党委員会、政府の関係は複雑である。そのため、「あくまでも発展こそ進むべき道」という政治的な雰囲気の中、環境保護は見落とされ、隅に追いやられるという必然的な結果となった。中国の環境保護における苦しい立場は、実は中国の経済と政治との構造上の矛盾からもたらされたのである。このまま進んで、中国はやはり西の先進国が経験したように、「汚染してから管理する」という道を通らなければならないのか、これはどうしても避けられない歴史の宿命なのか？

---

19) 解振華の 2004 年の講演「生態環境と持続可能な発展」による。
20) Judith Schapiro, *Mao's war against nature: politics and the environment in revolutionary China*, Cambridge: Cambridge University Press, 2001.
21) 孫文盛の 2004 年の講演「国土資源の保護と合理利用について」による。
22) Bao Maohong, "The evolution of environmental policy and its impact in People's Republic of China", *Conservation and Society*, Vol. 4, No. 1, March 2006.

周知のように、環境の悪化と経済成長との間には逆U型クズネッツ曲線（Environmental Kutznets Curve: EKC）が存在している。経済発展の初期では、環境は経済成長に伴って絶えず悪化する一方である。経済発展がある段階まで来れば、環境の悪化が抑えられ、経済のさらなる発展に伴って好転する。この相互関係は、多くの先進国と発展途上国の経済発展の過程から得られたものである。好転方向に向かう臨界点について、学者たちはそれぞれの基準により異なった数値を出すことがある。米国の学者ロジャース（A. Rogers）は、1人当たりの平均収入が3000ドルに達したとき、1人当たり二酸化硫黄の排出量は下がり始めると考えていた。グロスマン（Gene M. Grossman）とクルーガー（Alan B. Krueger）は研究を重ねて、1人当たりの平均収入が8000～10000ドルに達した時点から、全体の環境がよくなると主張していた[23]。これは中国では、1人当たりの平均収入が1万ドル近くまで達するときから、やっと環境が好転するということを意味するのだろうか？　答えは明らかに「No」である。経済成長と環境変化との間には、影響し合う要素がとても多いため、ただ経済が成長し、1人当たりの収入、環境整備に投入する費用が多ければよいという単純なものでない。その他の要素として、例えば市民の環境意識、国境を越える環境問題による国際的圧力、資源の枯渇による経済のモデルチェンジ、環境に関わる新しい経済成長点の形成などは、すべて、環境状況の転換の臨界点を持ち上げる可能性がある。つまり、発展途上国が意識的に「後発優位」のメリットを利用すれば、これまで唱えられてきた逆U型の曲線を緩やかなU型曲線にすることができる。1人当たりのGDPが8000ドルより低いときから、環境の好転が見られる可能性もある。環境の悪化は経済の急速な発展に伴って著しくなる。必然性はあるが、発展途上国は、1人当たりのGDPが米国や日本のような数値にまでなる前に、これまでの先進国の経験と教訓を生かして、環境の好転を促し、環境の悪化問題を早期に解決することができる[24]。

3.3　科学的な発展に向けての対応措置

　中国は、まさに経済発展の正念場において、科学的な発展という思想を

掲げ、成長モード（model or pattern）の転換を切り替えようとしている。科学的な発展の核心は持続可能な発展である。経済発展は、現代人の需要を満たすだけでなく、後の世代がその需要を満たす能力を損なわないようにするべきである。中国は、これを礎に、調和のとれた社会を作り上げ、平和的な、調和のとれた国際関係を継続する。具体的に言えば、これまでの「資源投入―製品―消費―廃棄」の直線型経済を「資源投入―製品―消費―資源再生」の循環型経済に転化することによって、全体の経済システムが資源の流れによって循環し、必要以上に生産しない、または、わずかの廃棄物しか出さない経済活動が実現される。自然環境への影響が最小限に抑えられ、「低投入、高利用、低廃棄」の実現により、経済発展と環境保護の両立が実現される[25]。

マクロ的な視点で考えると、評価基準をただのGDPからグリーンGDPに替えて、業績を評価すべきである。GDPは国内総生産で、国の経済生産の総量を反映し、国民の所得総量を表すものである。しかし、経済生産の総量が増えても、所得の分配が考慮されていないため、決して社会全体に本質的な変化がもたらされていない。社会には深刻な格差と不平等な現象が現れた。人々は長期にわたり貧困状態にいると、絶望感を抱くようになる。これは典型的な「発展無しの成長（成長しているように見えるが、発展していない）」と言える。このような現象に伴って、深刻な社会問題と資源環境問題が起こり、危機的な状態に陥る。1人当たりのGDPが1000ドルないし3000ドルに達すると（中国は2020年に3000ドルに達すると計画している）、このような危機的な状態に陥る。うまく処理できれば、順調に収入の中位国の仲間入りができるが、下手をすると発展が崩壊する[26]。そこで専門家たちは「GDPを引き下げよう」と強力に呼びかけ、

---

23) Gene M. Grossman & Alan B. Krueger, "Economic growth and the environment", *Quarterly Journal of Economics*, **110**(2), 1995, p. 371.
24) 李建新「環境転換論と中国の環境問題」『北京大学学報』第37巻、2000年第6期、110頁。
25) 曲格平「発展と環境の両立の道を歩む」『人民日報』2003年11月19日。
26) 世界銀行の分類によると、1人当たりGDP650ドル以下が低収入国、650～2555ドルが中収入国、2555～7911ドルが中上収入国、7911ドル以上が高収入国となる。

成長途中の再分配を要求した。それと同時に、環境汚染と生態破壊の問題に関心を持ち、民衆の生活の質の向上に視点を置いた。グリーン国民経済の原価計算は気運に乗じて生まれる。グリーン原価計算、あるいはグリーンGDPは国内総生産の中から生態環境のコストを差し引いたもので、経済発展の真の情況を反映している。見積もりによると、1990年代のGDP成長率を年平均9.8%で計算すれば、その中のおよそ4～6%が自身の生存環境（自然資源と環境）を犠牲することによって手に入れたものである（自然資源の長期的累積性損失はまだ含まれていない）。グリーンGDPは単純なGDPより客観的に成長を反映しているのが明らかである。

　しかし、グリーンGDPにはいまだ社会平等、人の安心感と幸福感などの人文的指数が含まれていない。英国新経済学基金の支援を得て、サリー大学のティム・ジャクソン（Tim Jackson）教授が筆頭になって提唱した「国内の発展指数」（Measure of Domestic Progress、略称MDP）は、ある程度、GDP中心の考え方を修正することができる。MDPの計算では社会と環境のコストによる消費（保護性支出）を差し引く。長期的な環境破壊と自然資本の下落、所得の分配を考慮したものである。収入が1ポンド増加することの意義は、金持ちよりも貧しい人にとって大きいという事実が反映される。MDPは経済を評価する上では、確かにまだ厳密な定義ではないが、社会進歩、経済成長、環境保護を促し、慎重に自然資源を利用する役割を果たしている。社会進歩と環境保護を促進すると同時に、経済目標との衝突を回避する道が数多く提起された[27]。MDPは今なお試行中であり、実現の可能性がどれだけあるか、まだよくわからない。しかし、少なくとも私たちに経済、環境と社会は一体であることを示してくれた。高品位の生活を作り出すためには、経済成長中の「局部・一時的な現象に惑わされて、全体的・根本的な問題が見えなくなる」という認識の障壁を必ず越えなければならない。

　グリーンGDP、あるいはMDPには、環境要素をどのように正確に価値に反映させるのかという問題が残っている。しかし、「科学的な発展を維持し、調和のとれた社会を実現させる」という国策が、すでに中国で実行されている。循環型経済は、すでに帆を揚げて出航した。企業では環境に

やさしい生産と、環境の管理体系であるISO14000の認証が実行されている。共生共存関係にある企業が一カ所に集められ、生態工業地区が作り上げられた。農業では、多種多様な生態モデル農業が試みられている。一部の都市と省・地区では循環型の経済がテスト運営されている。これらの試みは、すでに社会、経済と環境効率の統一を部分的に実現した[28]。これまで環境保護政策の実行を阻んでいた、GDPの成長率によって現行の政治的業績を評価する考え方に素早い変化が見られた。国家環境保護総局は、すでに試験的に、一部の省市で「グリーンGDP」による評価活動を始め、重要な経験を得ている。中国共産党中央組織部も、四川、浙江、内モンゴルにおいて、新しい総合性のある政治的業績を評価するときに、環境保護の指標に関わる4項目を加えた。それらは、環境保護の法的規制の実行状況、廃棄物の排出の量的変化、環境の変化、民衆の満足度である。さらに喜ばしいことには、その他の省・市が独自の指標を作り上げた。例えば、黒竜江省と重慶市は、地区、市、県の党と政府の指導グループの責任を定める指標の中に、環境保護の指標を加えた。河北、広東、天津、吉林、江蘇なども、省（市）の地域内で、環境保護の指標の達成度を、党と政府の指導幹部の政治的業績として審査している。その他に、中国共産党中央組織部は、2007年に環境保護の指標を、正式に党と政府の指導者の政治的業績として審査する予定である[29]。これは、中国の経済発展のモードが着実に変化しつつあることを物語っている。しかし、このモデルチェンジが完全に実現されるまでにはまだ遠い道程が待っている。

　中国はそびえ立とうとしている。しかし、中国がどのような方法でそびえ立つか、中国の発展が世界にどのような影響をもたらすかについて、国際社会から大変な関心が集まっている。「中国脅威論」、「黄色の災い」という論点が次から次へと繰り出されている。既存の世界体系の中で、膨大

---

27)『英国新経済学教授インタビュー：MDPによって、GDPへの盲信を追い出す』新華ネット2004年04月12日；学術交流ネット／学術問題討論2004年04月14日より転載。
28)中国科学院持続可能な発展戦略研究班『2004年：中国の持続可能な発展における戦略についての報告』科学出版社、2004年、271頁。
29)沈穎「役人は環境の壁を越えるべし」『南方週末』持続可能な発展版、2005年9月29日。

な人口を持つ中国が急速に発展するに従って、自身の環境容量が発展を支えられなくなる。そのとき、必然的に世界の資源環境の再分配が要求されてくる。そのような認識は、中国の経済成長モードが変わらないことを前提にしたものである。中国の経済発展の思想と、政治的業績を評価する考えと、循環型経済およびグリーンGDPの推進は、中国がこれまでの経済成長モードと異なった指標、環境に配慮した発展を自分の力で求めていることを物語っている。中国の発展は、国内においても、国外においても、環境の受容量内での発展であるべきだ。そのような発展は持続可能な発展であり、社会主義民主政治の体制が築かれる要素である。無公害的発展は間違いなく平和的な発展であり、中華民族の復興を背負い、独自な道を探し出すキーワードである。全世界に対してもモデルとしての効果が期待される。このような発展は世界を脅かすものではなく、全世界に対して、もっと高度な文明を目指して邁進することを発信することができる。

　中国の歴史は、またもや肝心な時期に来ている。人類が工業文明の入口に立ったときと同じように大事な時期である。この千載一遇の時期に、中国は、率先して工業文明に突入する機会を逸した教訓を銘記しながら、欧米国家のように植民地主義を通じて自分自身を生態緊張の事態から救い出すという手段を断じて避け、経済モードの転換を通じて調和のとれた社会と、調和のとれた世界を作り上げていくことを目指している。

4　結　論

　自然資源環境は中国の歴史の中で重要な役割を果たしてきた。環境の役割を軽視する「環境無用論」や、環境の役割を過度に強調する「環境決定論」は間違っている。有機的な経済の時代では、人類の活動は自然環境への依存度が高く、しかも依存関係が比較的明瞭である。鉱物エネルギー経済の時代には、科学技術は人類の生産活動において重要な役割を果たしていた。人類は環境に対する依存から抜け出したように考えられた。しかし、地球上の再生不可能な資源が減少し、環境容量や自然浄化能力が低下する

ことによって、人類は再び資源環境からの制約を理解するようになった。環境と仲良く付き合い、持続的発展が可能な道にたどり着いた。資源環境と人類の発展は相互に作用し合う。「中華文明の起源および移動」、「苦難に満ちた中国の近代工業文明への転換」および「中国の経済成長方式の転換」、これらはすべてこの相互作用を説明したものである。人類の文明は資源環境を礎に作り出されたものである。しかし、人類は環境に多大なダメージを与え、人類自身が存続し難いところまで自身を追い詰めた。人類は資源環境を大切にしなければならない。宇宙の中で、人が生存する唯一の星と共生共存しなければならない。

　このような関係は私たちに次のことを示している。(1) 歴史研究は人類の歴史だけに関心を持つことはできない。人と人、人と自身の関係史(これこそ人を孤立させる歴史観)だけに目を向けることはできない。人と環境の関係も歴史の一部である。人類の歴史は広い視野の中でこそ、客観的に認識することができる。広い視野の中で、ようやく人の活動に限りがあることを理解できる。自然に畏敬する心を持ち、仲良く付き合いをし、平和共存の社会を作る。(2) 歴史は決して人類だけによって創られるものではない。しかし、人類は最も創造力を備えているに違いない。人類は歴史を創造するとき、「地球規模で考え、足もとから行動する (Think globally, act locally)」という心構えが必要である。経済利益と環境とが衝突し始めたとき、両者ともに妥協できる方法を探すべきである。経済効果だけを重視すると、同世代の人々の厚生に影響するし、後世の子孫にも損害を与える。米国の荒野保護運動のように環境保護を一方的に重視することも、中国の情勢に合っていない。(3) 中華文明と資源環境は一体である。資源環境を保護することは、即ち中華文明を保護することである。中華文明の変遷は人類が生存するために、環境の変化に適応した模範例である。中華文明はかつて繁栄を遂げ、ついには衰えていき、発展のチャンスを逃してしまった。それが私たちに教訓となった。世界中の国々は持続可能な発展に向かってモデルチェンジしようとしている。その中で、中華文明がチャンスをしっかり摑み、自分自身の限界を越え、勢いに乗じて再び輝くことができるかどうかは、自分自身に対しての厳しい試練であり、世界中の人々が関心を持つ問題である。

第2章
中国環境政策の変遷と成果

はじめに

　中国の環境問題は全世界が注目している。その中でも特に注目されている問題は、例えば三峡ダムプロジェクト、酸性雨の問題、砂嵐（黄砂）などである。中国の環境政策は40数年を経て比較的体系化されたが、環境政策の執行は予定していた目標には決して到達していない。本章では中国社会転換の視座からこれらの問題を検討する。すなわち、中国の環境問題と環境政策を中国社会、経済、政治の大変革という大きな背景のもとで考察し、その発展と実践による得失を見る。

1　中国環境政策の形成と発展

1.1　社会主義国家であるが故の環境無策の時代

　中華人民共和国が成立した後、マルクス・レーニン主義と毛沢東思想の指導を堅持して、特に全般的にスターリンの自然に対する思想を学んだことによって、アメリカとイギリスに追いつき追い越し、なるべく早く共産主義を実現するために、嵐のような社会主義建設運動が展開された。この運動はある程度盲目的に自然を征服する活動であり、当時流行していたスローガンからその一部をうかがい知ることができる。例えば「愚公山を移す（怠らずに努力すれば、ついには成功すること──訳注、以下同じ）」、「囲湖造田（人民公社時代以来の政策で、食糧増産のため湖岸を埋め立て耕地を造成すること）」、「人定勝天（人は大胆になればなるほど大地から多くを産出できる。できないことを恐れるのではなく考えないことを恐れる）」、「広範囲な鉄鋼の精錬（小規模な精錬・炉などの利用も含め）」、「三線建設（山に頼り、分散し、穴に入り、消費都市を生産都市にする）」、「人が多ければ力も大きい（田畑は山頂まで作り、田植えは湖の中心まですゝる）」、「太陽と月さえ必ず新しい自然に換える」などである。これら自然の規律に背く活動は、必然的に深刻な環境汚染と生態破壊を引き起こす。

しかし、当時の中国政府は社会主義国家に環境問題が存在することを認めていなかった。なぜなら、社会主義国家は優れた計画経済を実行しており、統一的に計画することによって双方に配慮していて、資本主義より優越しているからである。その目的は幅広い人民たちの幸福を満足させるためであるから、どうして大衆を傷つけることができようか。資本主義社会においてのみ、資本家は利潤を追求するため、労働者や農民の厚生を考えず、環境を破壊することに躊躇しない。したがって社会主義には環境問題は存在しない。それでは、旧ソ連で起こった深刻な環境問題はどのように解釈したらよいのであろうか？　それはすなわち、修正主義に変わったからである[1]。このような状況下で、環境問題はすでに存在していたにもかかわらず、依然として環境政策が制定されなかった。逆に、人口の抑制を主張する馬寅初、三門峡ダムの建設に反対する黄万里両教授は批判闘争に遭った[2]。このような誤った行為が及ぼした結果は想像できるだろう。そのため、「中国共産党の最大の失策は人口問題にあり、馬寅初一人を打倒したために、6億人近い人口が増加してしまった」という者もいる。

1.2　問題の深刻さが認識させた環境政策の必要性

　幸いにも、このような状況は1972年に変わった。1つは中国でいくつかの深刻な環境汚染事件が連続して起こったということだ。上層指導者の生活や休暇に直接的な影響を及ぼしたものもあった。例えば、官庁ダムの汚染で魚類が異臭を発したこと、大連湾汚染が招いた魚介類の死滅、松花江で現れた水俣病の予兆として魚類が姿を消したことなどである[3]。これらの事件を上層部の指導者が重視するのも当然のことである。

　2つ目は米中、日中関係の融和である。中国の指導者は、外国の賓客との接見の中でこれらの国で現れた環境問題とまさに現れようとしている環境主義運動を実感した。周恩来総理はかつてこのように言ったことがある

---

1) 中国科学院技術信息研究所編『国外汚染概覧』人民出版社、1975年、88頁。
2) Judith Shapiro, *Mao's war against nature: politics and the environment in Revolutionary China*, Cambridge: Cambridge University Press, 2001.
3) 中国環境問題研究会編『中国環境ハンドブック　2005-2006』蒼蒼社、2007年5月。

――「工業公害は1つの新しい問題であり、工業化が始まると必ずこの問題は大きくなる」、「昔はロンドンのスモッグが一番多かったが、現在はニューヨークより少ない。アメリカは、ガソリンも濫用し、石炭も濫用している」、「日本もそのような状態で、戦後は不均衡な発展であった」、「現在公害は世界の大きな問題となり、排水、排ガス、廃棄物はアメリカに対する危害が非常に大きい。ニクソン政府は政治闘争において主導権を失っただけでなく、自然に対する闘争は、資本主義国も解決できない問題であり、アメリカも日本も根絶できない」。これらの談話は、世界の環境問題が中国のリーダーの注意を引いたことを示している。とりわけ周恩来が、日本の著名な公害記者である、故浅沼稲次郎社会党委員長の女婿との会見後に、中国にも水俣病の問題があることに気づき、それでこの問題を重視し始めた[4]。

　3つ目はちょうどこのときに、国連がスウェーデンの首都ストックホルムで「国連人間環境会議」を開催した。中国政府はよい機会だと考え、政府代表団を派遣し参加した。代表団が戻ってきて、指導者たちが状況報告を聞いた後、この方面の事業を展開するよう指示した。そして、中国の環境政策の制定と執行が動き始めた。

1.3　具体的な環境政策の始まり

　最初は1973年8月5～20日に北京で開催された第1次全国環境保護会議から始まった。この会議の前に、周恩来は一連の理論を詳しく述べ、多くの原則を提起した。彼はこのように考える――資本主義が工業汚染の公害を解決できないのは、私有制による社会であることと、生産についての政府規制がない状態のもとで企業が最大利潤を追求するためである。我々が必ず工業汚染を解決できるのは、社会主義計画経済が人民のためのサービスだからである。我々は経済建設をすると同時に、この問題の解決を急ぐべきであり、子孫や後世に害を残すようなことは絶対にしてはならない。「公害を消滅させた後には、総合利用を提唱しなければならない。『三害』を『三利』に変える。基本建設を進める際、プロジェクトの側面や設備の側面、科学技術の側面からより注意を払って、ようやく災いから免れるこ

とができるのである。さもないと、災いの起きた後に、また除去したとしても、それは遠回りしたことになる。私たちは資本主義工業化の古い道を歩いてはならない。近道して、回り道をしないように。」「具体的な方法は頭を働かせ、工場労働者に教えを請い、大衆の討論を発動して、工場の問題を1つずつ確実に解決するべきだ。すべてのプロジェクト、すべての問題、まずは3分の1に重点を置く。見本を示し、皆に学ばせる。」

　第1次全国環境保護会議は次の3つの主な成果を得た。1つ目は中国に比較的深刻な環境問題があることを正式に認めたことである。これは文化大革命の期間中だったら容易にできることではない。2つ目は環境保護方針を採択したことである。すなわち「全面的に企画し、合理的に配置し、総合的に利用し、害を利にし、大衆に依拠し、皆で着手し、環境を保護し、人民を幸福にする」事業方針である。3つ目は中国における初めての環境保護文書「環境保護と改善についての若干の規定」を採択したことである。この公文書によると、1974年10月25日に中国環境保護史上初めての正式機構──「国務院環境保護指導グループ」が成立した。同グループはその前後に「環境保護企画要点」、「工業『三廃』排出試行標準」（中国環境保護史上初めての環境保護基準）を相次いで公布し、「環境保護十年規劃」を編成した[5]。

　これらの措置を通じて、当時の一連の有効な政策が形成された。1つ目は「三同時」制度である。すなわち、「一切の企業・事業者は新築や改築、増築をするときに、その中の汚染と他の公害を防止する施設を、必ず主体工程と同時に設計し、同時に施工し、同時に操業を始めなければならない。各級の主管部門は環境保護部門や衛生などの部門と共同で、設計を真摯に審査し、竣工検査を行い厳格に処理する」。これは「予防を主とする」という方針や厳格に新しい汚染源を抑制するという根本的な政策を体現したものであり、中国において最も早く公布された、中国の独創的かつ特色あ

---

4) 曲格平『夢想与期待：中国環境保護的過去与未来』中国環境科学出版社、2000年、37頁。
5) 中国環境保護行政二十年編委会編『中国環境保護行政二十年』中国環境科学出版社、1994年、12、15、75頁。

る、有効な環境管理制度でもある。2つ目は「期限を定めて改善する」政策である。すなわち改善計画あるいは規制改善通知を伝えることにより、責任機関がある種の汚染源や汚染物を規定された期間内に改善することを要求するものである。主に汚染の結果が深刻で、広範囲かつ大規模であり、大衆の声が強烈で、技術が成熟し、改善資金に保証があり、即効性があると期待されるプロジェクトに対するものである。3つ目は「総合利用」の政策である。国は財政、税収、全面審査、表彰などの側面から企業が「三廃」に対して総合利用を実行することを促進する。もし他の機関が未改善の「三廃」を利用する場合は、無料で供給しなければならない。「三廃」の改善を行っている納税困難者に対しては適切に減税、免税することができる。「三廃」の総合改善のための燃料、原材料などの物資は優先的に供給するものである。4つ目は、部門に跨る、または地区に跨る汚染改善に対しては協同作業グループあるいは専門機構を設置するという政策である。例えば、白洋淀汚染問題を解決するために、国家建設委員会、軽工部、燃化部、水電部、農林部、中科院、国務院環境保護指導グループなど全部で9つの部門で構成された協同作業グループを設置したのである。中国政府はこの4つの政策を通じて1つの目標の達成を望んでいた。すなわち5年で汚染を抑制し、10年以内で基本的に汚染を解決するというものである。

　以上の分析からは以下のことがわかる。この時期は、中国の環境政策は初期の形成段階にあり、主に行政手段を活用して、計画の方式により現実的でもない目標を達成しようとしていた。この体制の問題は、機関が汚染を改善する積極性を引き出していないことにある。各機関はただ受動的に上級の計画を執行するだけである。資金の逼迫、監督力が十分でない状況では、これらの政策は完全には執行されない。例えば、大中型プロジェクトの「三同時」の執行率は44％にも満たない。汚染改善の総目標はいまだ実現されていなかった。

1.4　「改革開放」の時代の環境政策

　1976年に「四人組」が打倒され、1978年に鄧小平は「改革開放」政策を始め、中国は新たな時代を切り開き、中国の環境政策も発展の新段階に

入った。象徴的なことは1978年2月に、第5期全国人民代表大会第1回会議で改正された中華人民共和国憲法の中に環境保護の内容が盛り込まれたことである。この中で、「国家は環境と自然資源を保護し、汚染とその他の公害を防止する」と規定された。これは中国の歴史上初めての憲法の中の環境保護についての規定であり、環境保護政策の法制化に確固とした基礎を築いた。同時に、中国共産党中央は国務院環境保護指導グループの「環境保護工作匯報要点」を承認し、「汚染をなくし、環境を保護することは社会主義建設を進め、四つの現代化を実現する1つの重要な構成部分である」と考えた。これは中国共産党の歴史上最初の、党中央の名義でもって環境保護について行った指示である。各級の党組織は積極的にこれに対応した。この2つを基礎として、1979年9月、第5期全国人民代表大会第11回常務委員会は「中華人民共和国環境保護法（試行）」を公布した。これは環境保護事業を統括する基本法である。1983年12月31日から1984年1月7日に第2次全国環境保護会議が開催され、「環境保護は中国現代化建設の中で1つの戦略的任務であり、1つの基本国策である」と宣言し、環境保護事業は未曾有のレベルにまで引き上げられた。

　そこでは以前に効果があった政策を執行する以外に、一連の新情勢に適合した新政策を追加し公布した。概要について述べると、1つは「三同歩」と「三統一」、すなわち経済建設、都市農村建設、環境建設を同時に企画し、同時に実施し、同時に発展させ、経済効果、社会効果、環境効果の統一を成し遂げなければならない。このことは、中国の環境保護が以前の事後の単純な改善から経済、社会および環境が協調して発展する新たな段階に入ったことを表している。2つは、「三同時」政策を推進すると同時に、環境影響評価制度（1979年4月に初めて制定）を実施することである。これは新たな汚染を抑制し、環境被害による影響を防止する上で非常に大きな作用を果たし、プロジェクトの監督と管理にも有効であった。3つ目は、汚染排出申請登記と汚染排出許可証制度である。これらは「予防を主とし、防止と結び付ける」の方針を具体化し、末端の管理と全過程の管理を結び付けることである。4つ目は汚染した者が改善する費用徴収制度である。経済協力開発機構（OECD）の「汚染者負担」原則を手本にして、主に企

業自らの能力により汚染した者が改善することを求めることである。自然資源の開発利用については、「開発した者が保護し、破壊した者が回復し、利用した者が補償する」という「開発利用と保護の両立」政策を執行する。汚染排出の費用徴収は次第に2つの徴収制度（試行）に変わった。すなわち、排出した汚染物総量に対する費用の徴収と基準を超えた汚染物の排出に対する費用の徴収である。これらの汚染排出費用（排汚費）は指定項目にのみ利用し、有償で使用した。経済的な負担を利用して環境保護事業を促進するとしたのである。5つ目は、管理政策を強化することである。資金が限られており、技術が比較的後れた状況のもとにおいて、全面的に環境管理を強化し、管理によって改善を進め環境問題を解決することである。具体的な手法として、環境保護目標責任制、都市環境総合整備定量審査、汚染の集中抑制と汚染源の期限内改善などの制度が含まれる。

　この時期の環境政策の特徴は、①法制化である。憲法の規定および、環境保護の基本法（1989年に試行から正式の法律として公布された）を制定したことである。それ以外に、自然資源保護法（森林法、草原法、漁業法、鉱物資源法、土地管理法、水法、野生動物保護法と水土保持法）と3つの汚染防止法（水汚染防治法、大気汚染防治法と海洋環境保護法）を制定した。それに加え、国務院は23以上の行政法規を公布した。環境保護部門と地方政府も若干の法規を制定した。中国はまた、若干の法的効力を持つ国際条約に署名した。②経済手段と市場原則を用いて環境の改善を始めた。例えば、排汚費のうち80%は環境保護投資会社を通じて環境の改善に使い、20%は環境保護局自身の整備に使用する。③環境保護事業に対する党の積極的な参加によって政策の執行力が強化された。④単純な環境改善から調和的な発展への転換が始まった。主な問題は農村の環境建設を軽視したことである。また、環境保護法規を公布したが、法律に従わない、厳格に法律を執行しない現象が深刻に存在している。

1.5　現代における環境保護政策の新局面

　1998年の大洪水とますます強烈になった砂嵐（黄砂）が人民の生命と財産を広大な範囲で脅威にさらしたことは、オリンピックの誘致の成功と

西部大開発戦略、構造調整、内需牽引（1997年アジア金融危機後）の方針とうまく結び付き、環境保護政策と環境保護事業は全面的発展の新段階に入った。共産党は改めてマルクス・エンゲルスの著作の中から思想的根拠を探して、主にエンゲルスの「自然弁証法」の中から、「いずれにせよ自然は報復するだろう」という考えを見つけ出した[6]。主な政策としては、(1) 以前の政策をより深めることである。例えば、従来の汚染排出に対する基準を管理することから総量規制に変更するように、総量の超過部分について補償をさせた。費用徴収と過料を強化し、汚染した者が改善するという原則の要求に近づけようとした。(2) 排出権取引の試行として、排出権を有償で譲渡する政策に着目し、さらに国際的な制度に近づいた。(3) 農村自然環境改善の政策を刷新した。七大河、大湖地域と砂漠化地区について退耕還林還草と平堤還湖政策を実施した。国が生態建設と生態移民に食糧と資金を出し、いくつかの重点生態プロジェクト、北京・天津の風砂源改善プロジェクト、三北防護林帯プロジェクトなどの重点生態プロジェクトを実施した。(4) 西部大開発の過程において、東部の汚染産業を西部に移転することを厳禁し、東南沿海地域が外資を吸収する過程で、再び汚染が深刻な産業の立地を受け入れないこととした。(5) さらに周辺国家と関係国際組織との協力を強化し、国際的な支援を勝ち取り、ローカルとグローバルな環境問題を改善し、外部に開放された環境保護の新しい局面を作り出した。(6) クリーン生産を進め、生態農業を発展させ、持続可能な発展の循環型経済の道を歩むことを提唱し、生態県、生態村の建設経験を広めた。クリーン生産は省エネ、消耗を減らすこと、汚染の減少を目標とし、「クリーン文明工場」と「環境保護先進企業」を設け、モデルプロジェクトの経験を一層広めた。

　この時期の特徴は、(1) 環境保護政策の中の経済手段を強化し、市場調節と法制度を結合させる方法により環境を改善させることであり、環境保護と国民経済の発展を緊密に結合させて、一体のものとすることである。西部大開発は環境保護に新しいチャンスと新しい領域を提供し、環

---

6) 恩格斯「自然弁証法」『馬恩全集』第20巻、人民出版社、1971年、519頁。

境保護は西部大開発と内需牽引に尽きることのない力を与えた。分析によると、十五（第十次五カ年規劃）期間の全体において、中国の環境保護投資は7000億元に達した。(2) 過去における、都市と工業の環境問題を重視するだけで、農村の環境問題を軽視するという異なった対応を改め、両方が足並みを揃えることにより、中国の環境保護事業は新たな段階に入った。(3) 環境を保護する際に、生産方式の転換と新興産業の勃興に留意した。例えば遊牧から畜舎での飼養、単一の成長型から砂漠産業・砂漠観光業などのような品質収益型への転換などであり、新たな経済価値と社会価値を生み出した。環境効果、経済効果および社会効果の3つが統一された道を堅実に歩み出した。

中国環境政策の誕生と変化の歴史から見出すことができるのは、環境保護政策の発展と中国の政治・経済・社会発展の情勢は緊密に関連しており、この情勢から離れて中国の環境保護政策の発展を明らかにすることはきわめて困難だということである。中国の環境保護政策は、1つの行政手段を主としたものから、法制度を主としたものへ、そして経済手段と行政・法制度の手段をともに重視し、それらを結合したものへと変化の過程を歩んできた。これは、中国の計画経済から社会主義市場経済への移行の歴史的大趨勢と一致するものである。先進工業国と比べて、中国の環境政策は一種の上意下達の制定と執行であり、草の根の公衆参加を欠いている。このことは中国の中央集権の社会主義政治体制によるものである。中国の環境基準、技術と政策レベルはすべて先進国に比べて後れている。このことは、中国が先進的な経験に学びたくないからではなく、環境問題を改善したくないからでもなく、発展途上国という具体的な国情によるものである。

2　中国環境保護政策の執行および成果

2.1　環境規制の執行の実態

中国の環境保護政策の徹底した執行も複雑な変遷過程をたどった。第1

段階は、主に行政命令を下達することである。典型的なパターンは、国家計画委員会あるいは国務院が表に立って各関連部門が参加する事業グループを組織し、直接に計画を制定し、資金を分け与え、検査を行う。これは集権的、垂直的な執行体系である。その特徴は、具体的な問題は比較的速やかに解決されるが、普及させるのには適していないことである。第2段階においては、法律と経済手段を併用することである。ここで、主に政策を執行する主体は法院と税務局および環境保護局であり、人為的な要因が政策執行の中に入り込んだためその効果が減じられた。第3段階において、党政措置と法律・経済手段が併用され、政策執行の力はかつてなく大きくなった。投資会社の加入後、資本の回転が速められただけではなく、新たな経済効果も生まれた。環境法治も社会全体の法律意識が高まるにつれて強化された。江沢民は「中央人口・資源・環境工作座談会」で何度も次のように強調している——環境保護は国を強くし、民を富まし、国を安定させる重要な事項であり、全党と全社会は重大視すべきで、各級の党委員会や政府は指導を強め、各関連部門と協調して、すべての社会の力を動員し、この系統的なプロジェクトをうまく進めなければならない。人口、資源、環境の3つの事業に対して、各級の党政のトップは総責任を負い、自ら指導しなければならない。この3つの事業をどのように進め、効果はどうなのかについて、トップを取り調べ、任期内に毎年審査し、任期満了時にはきっちりと引き継ぎをさせ、職責を果たさない人には責任を追及する[7]。このような行政手段の強化は、中国の1989年以来の政治体制改革が実際には停滞して進まないという事実を反映している（以前は党政分離であったが、現在は党政一体であり、ひいては三位一体に至った）。しかし、これと最初の段階の行政命令だけを内容とした体制とは異なり、経済、法律、党政の三位一体である。これは権威体制下の独特の執行体制である。

2.2　中国環境政策の主要な成果

30年余りの改善を経て、中国環境政策の執行は次のような大きな成果

[7) 江沢民総書記の1999年3月13日開催の「中央人口・資源・環境工作座談会」における講話。

を収めた。1つ目は機関が排出した汚染物の排出率が大幅に下がり、基本的に環境汚染が加速する趨勢を抑制したことである。2001年のデータによると、工業と都市生活における排水排出総量は前年より3.2%増加し、428.4億トンに達したが、工業排水排出基準達成率が85.6%に達したことにより、排水中の化学的酸素要求量（COD）は2.7%減少した。二酸化硫黄（SO_2）規制地域の基準達成都市の比率はやや増加し、3級以下の都市の比率は4.3%減少し、酸性雨が出現する都市の比率もやや減少した。工業固体廃棄物の排出量は2893.8万トンで、前年より9.2%減少し、環境汚染の趨勢は抑制された。七大河川（長江、黄河、珠江、松花江、淮河、海河、遼河）の水質は基本的に前年と比べて横ばいであるが、少数の河川の汚染は深刻である。太湖、滇池、巣湖の水質は悪化していない。都市の大気清浄度は安定しており、大中都市のごみは日々処理されている。基本的に抑制されているとしても、達成は容易なことではない。これは国民経済の年平均成長率が8.3%、1人当たりのGDPが800ドルに達していない条件のもとで達成されたものである。

　2つ目は自然保護区数の増加であり、地表の植被被覆率はある程度上昇したことである。2001年末までに、全国の自然保護区は1551に達し、総面積は1億2989万ヘクタールで、全国の面積の12.9%となった[8]（2007年末の自然保護区数は2531カ所で、国土面積の15.2%に達している――訳注）。全国の31種類の天然湿地と9種類の人工湿地については、面積は約6594万ヘクタール（河川と池は含まない）で、世界の湿地の10%を占め、世界の第4位、アジアの第1位となった。湿地上の植被は比較的よく保護されている。植樹造林と封山育林（山への立ち入りを禁止して森林を育てる）活動によって、2001年の全国造林面積は529.9万ヘクタールとなり、計画の107.6%を占めた。その中で人工造林は438.8万ヘクタール、航空機による樹木の種の撒布は91.1万ヘクタールで、新たに増加した封山育林の面積は605.9万ヘクタールであり、全国の森林被覆率は16.55%に達し（第6次全国森林資源調査（2003年）では、18.21%に上昇している――訳注）、1人当たりの林木蓄積量は9.048m^3に達した。この2つの指標について前回の全国森林資源調査結果と比べてみると、両方とも増加している。1999

年からの退耕還林プロジェクトの実施以来、2001年までに合計で退耕還林関連の事業216.36万ヘクタールを完成した。内訳は、退耕還林116.24万ヘクタール、荒れ山・荒れ地の造林100.12万ヘクタール、合計食糧補助196.4万トン、現金3.33億元、苗の補助金9.69億元であった。国は3億1414万元を野生動植物保護区と三江源自然保護区の建設に用い、4億元を西部の省区に投資し、65の天然草原の植被回復と建設プロジェクトを実施し、自然破壊が加速される情勢を一定程度に抑制した。

　3つ目は、環境汚染の改善によって省エネルギーを実現したことである。中国のエネルギーは石炭を主としているが（73%）、中国の石炭は硫黄分が多いため、多くの汚染物は石炭燃焼と関係している（例えば、煤塵や二酸化硫黄）。国務院環境保護委員会は1984年に「石炭燃焼型汚染を防止する技術政策の規定」を公布し、汚染の防止と省エネを結合させ、技術進歩により目的を達成した。すなわち、都市の集中熱供給、都市のガスや石炭の合理的な分配と加工利用、燃焼設備の改善と排気ガス浄化の4つの事項である。燃焼設備は主に工業ボイラー、発電所ボイラー、工業炉を含み、年間石炭消費量は総量の70%、約3.1億トンを占める。「ボイラーの煤塵排出基準」と新基準を実施したが、その方針は「煙突をなくすことを主とし、煙突を改良することを従とする」である。静電気による除塵と文丘里湿法の除塵を採用した後、除塵の効率は大幅に高まり、煤塵の排出率は減少し、石炭の消費量は減少した（石炭ボイラーに代えてガスを利用することによる熱供給）。民間での石炭利用の領域においては練炭を使用し、年平均で石炭を約350万トン節約した。都市においては分散供熱を集中供熱に改良後、1989年末までに標準石炭1359万トンを節約した。エネルギー技術と環境基準の不断の上昇により、エネルギーの節約率も大幅に高まった。

　4つ目は、環境保護基準と政策の執行を通じて環境保護技術と産業の迅速な発展を促進することである。各級の指導者は環境保護事業における科学技術の役割を非常に重視しており、科学技術の進歩に頼って環境汚染を抑制し、環境質を改善できると考え、広範な総合改善技術を実現しよう

8）国家環境保護総局『中国環境状況報　2002年』参照。

とした。1992年の環境と開発に関する国連会議後に、「環境と発展の問題を根本的に解決するには、科学技術の進歩に頼る」という戦略思想を提起した。国は前後して1.75億元の資金を割り当て、環境科学技術研究に取り組むプロジェクト（指令性計画）に支出した。製紙、捺染、高濃度有機排水における改善、都市の汚水処理と資源化、循環硫化床燃焼、高効率除塵、有害廃棄物の焼却処理などの面で一連の重要な成果を獲得した。これらの成果は中間試験あるいは生産性試験の段階に達したので、早速生産力に転化した。国の産業構造を調整するという大好機に乗じて、環境保護産業は急速に発展した。1988年末までに、全国で環境保護商品の設計・生産に従事する機関は2529、年生産額は37.9億元に達した。1990年代において、環境保護産業は毎年15%のハイスピードで成長し、産出された生産額は1600億元に達した。推定によると、数年後の未来に、環境保護産業の成長率は20%に達すると見られる。

　5つ目は、人々（特に都市住民）の環境保護意識がある程度高まったことである。環境政策の執行の過程で、環境保護意識は関連機関と人員の意識に次第に浸透していった。環境政策の宣伝を通して、庶民の環境意識は発芽から根を下ろすまでになり、そして次第に自発的な行動に変わっていった。環境産業従事者に対して、各種の育成講座、研修講座、研究講座が開設された。幼稚園、小学校・中学校・高校、大学でも環境教育が始められた。マスコミは大量に環境問題に関連するニュースや詳しい分析を報道して、「ラジオには音がある、テレビには映像がある、新聞にはコラムがある、インターネットにはホームページがある」というくらい大量に報道した。他には環境NGOがコミュニティに入って、宣伝と公衆参加を進めた。中国人民大学が1993年に行った200部のアンケート調査によれば、63.2%の人は中国の環境問題がすでに生活の質に影響していると思っており、中国は広くて物産が豊かで環境問題は存在しないと思っている人はわずか1.8%に過ぎない。中国において最も深刻な環境問題と思われているものの上位3つは次のとおりである。すなわち、水汚染が58.5%で、森林破壊と水土流失も58.5%である。以下、工業煤塵が56.7%で、大気汚染が46.8%である。環境破壊に対しては、55.6%の人は地元政府が主たる責任を負

うべきだと考えている。どのように環境を改善するかの問題については、58.5%の人が「環境保護教育を強化する」を選び、57.9%の人が「決然と関連法律を執行する」を選んだ。具体的な措置については、上位3つは以下のとおりである。38.6%の人は「法律を制定し、汚染を引き起こす可能性のある企業を禁止すべきだ」と考えている。同じく38.6%の人が「すべての企業が自身による汚染を必ず改善しなければならないと規定すべきだ」と考えている。28.7%の人は「経済的な厳罰、あるいは高い税を課すべき」だと考えている。個人について具体的に見てみると、多数の人は比較的積極的な態度を取ることを示している[9]。この調査結果は、少なくとも大多数の人は依然として行政による抑止手段を妄信しているが、環境問題と環境改善に対する意識は確実に高まったことを表している。

　6つ目は、環境保護政策の制定と執行を通じて、国際社会および環境保護組織との協力と交流を強化したことである。中国の環境政策が無から有になったのは、国際社会、特に先進国から学んだからである。そして、政策を執行する過程で国際社会との協力と交流を深めた。中国は前後して多くの国際環境条約と協定に署名した。これには最近署名した「京都議定書」も含まれる。また、中国は国連環境計画の常任理事国でもあり、環境と発展の問題における発展途上国の立場と協調し、中国の立場を宣伝するために、1991年に北京で「発展途上国の環境および発展に関する部長級会議」を開催し、「北京閣僚宣言」を発表、そして1992年の環境と開発に関する国連会議に貢献した。中国の環境政策と国際環境条約の執行において、中国は国連開発計画や地球環境基金、世界銀行、アジア開発銀行と良好な協力関係を形成し、これらの組織から多くの無償援助と借款を獲得した。そのほか、いくつかの具体的な環境問題において、アメリカやイギリス、ドイツ、日本と多様な二国間協議を行った。中米両国は1980年と早くから環境保護科学技術協力議定書に署名し、双方は多種の問題について協力した。また、中国は周辺国とも地域環境問題で環境協力を達成してい

9）劉大椿・明日香寿川・金淞ほか『環境問題：従中日比較與合作的観点看』中国人民大学出版社、1995年。

る。中日韓三カ国大臣会合はその例である。日韓などの国は積極的に中国の黄砂防止プロジェクトなどに参加している。国際協力の強化によって、環境政策を執行して援助を獲得しただけではなく、環境政策を充実し修正するための新しい契機が与えられた。

　要するに、中国環境政策の発展と一貫した執行に伴って、その効果はますます明らかに現れてきた。中国の環境保護事業は国内においてますます多くの人と機関の支持を得ただけではなく、国際的にもより多くの理解と支持を獲得した。中国の環境保護事業はより深く、より広く発展しているところである。つまり、中国は経済的利益、社会的利益と環境利益の三位一体の持続可能な発展の道を歩み出している。1995年にワールドウォッチ研究所のレスター・R. ブラウンは『だれが中国を養うのか』という本を書き、中国の環境問題に対する極度の心配および世界に対して危害を及ぼすかもしれないという危惧を伝えた。最近、彼は新たに『生態経済（エコ・エコノミー）』という本を書いた。この本では彼は態度を変えて、心配するどころか、発展を追求するあらゆる国は中国流の持続可能な発展の道を歩むべきだと積極的に呼びかけた[10]。もしかすると、この転換は中国環境政策執行の効果に対する1つの肯定であるかもしれない。

3　中国環境政策の発展および執行過程における障害と問題

　中国環境政策の発展とその執行は非常に大きな成果を得たが、予期していた結果には到達しておらず、中国の環境状況はいまだ満足したものとなっていない。全国の環境情勢は依然として相当深刻で、生態状況は楽観できない。各種の汚染排出物総量は非常に多く、汚染のレベルは相当高い。一部の環境状況は依然として悪化している。地表水の汚染は広範囲に及んでおり、地下水位が下降し、かつ点的または面的汚染を受けている。水資源の需給の矛盾は深刻であり、農村の環境状況は依然として低下している。生態悪化の進行はいまだ根本的に転換できていない。草原の退化と砂漠化は依然として進行している。しかし、このような状況と、先に述べた成果

とは矛盾するものではないという点に留意しなければならない。なぜなら、環境の各要素は全体として1つの有機体を構成しているとともに、1つの相対的に独立した要素でもある。このことから、環境の改善と回復の難しさを理解することができる。当然のことながら、さらに重要な要素は環境政策の執行過程において次のようなかなり大きな障害と問題に遭遇していることである。

　（1）　環境政策の制定、執行と監督の各機構間の職能が重複しており、権限と責任が明らかではなく、上級と下級の間は統一性がなく、政策執行の効率性に影響を与えている。全国人民代表大会は中国の最高立法機関であり、その環境資源委員会は環境と資源に関連した立法の制定の責任を持っている。しかし、委員会の人員はすべて党政部門を引退した元役人であるため、彼らは調査研究したり、法律を起草したりすることができず、国家環境保護総局（現在の「環境保護部」——訳注）に委託している。国家環境保護総局は本来、環境保護政策の執行に責任を持つ最高の行政部門である。現在は法律草案を起草するだけでなく、国務院の関与する環境規章制度も起草しなければならず、同時に執行し監督を行う責任を負うことになっている。国務院の国家環境保護委員会は関連の部委員会の代表により構成されており、各関連機関の環境に関する事務を調整し国民経済計画を策定するときに、環境保護という基本国策を適切に位置付けるように監督を行っている。近年来、全国人民代表大会環境資源委員会も監督検査の職務を履行し始めている。この3つの機構の職務は一体のものであるが、相互の監督制御システムは存在していない。国務院各部委員会もまた自らの環境庁・局を持っており、行政システムからいえば、これらの環境庁・局は国家環境保護総局（1998年に正部級機関に改められた）に従属していない。環境保護総局の意見と政策が部委員会と衝突する場合、これらの庁・局は自らの部委員会の意見を聞き実行するだけである。各級の地方環

---

10) Lester R. Brown, *Who Will Feed China? Wake-Up Call for a Small Planet*, Worldwatch Institute, 1995; do., *Eco-Economy: Building an Economy for the Earth*, 1st edition, W. W. Norton & Company, 2001.

境保護局と国家環境保護総局との間に完全な上下関係はない。地方は業務上、総局の指導を受けるが、その人員編成、トップの任命、および経費は現地の党委員会と政府によって行われている。このため、地方において経済の急速な発展を推進し成果を求めるときには、地方環境保護局は環境保護政策を執行できないばかりでなく、ある場合には汚染と環境破壊の共犯者となってしまう。中央政府の三権の存在は明らかでなく、地方政府においてもまた同様である。この種の体制下で環境保護政策を切実に推進しようとするなら、聡明で環境保護事業を重視した指導者に希望を託すしかない。このような制度的保証のない希望は確実ではないし、政策執行の効率も割り引かれることになる。

（2） 中国は持続可能な発展の道を歩んでいるけれども、党と政府の核心的事業はやはり経済建設である。中央政府と各級地方政府は急速な経済発展を追求している。とりわけ、役人は任期制により、必ず成果を挙げなければならない。これらの圧力のもとで、上から下まで水増し報告を重ね、比較的高い成長率を望むこととなる。こうした背景のもとで、環境政策は経済手段を使用することに留意したけれども、いくつかの弱点が出現することとなった。

1つは成長が非常に速い郷鎮企業に対して具体的な方法がないことである。特に地方政府は企業を擁護しさえする。国の排汚費の徴収と過料制度は主に国有企業に対するものであり、これらの費用がコストに算入され、商品価格に転嫁されることを認めている。しかし、これらの企業の多くは独占的であり、市場に参入してから相当長い時間存在し続けることができる。このため、政策執行の成果はあまり挙がっていない。しかし、郷鎮企業は正反対である。市場の特権がないために、低価格によって市場のシェアを奪う。にもかかわらず、一旦汚染費用をコストに算入すれば、市場競争から脱落して破綻するため、何としても徴収を免れようとする。これに加えて、郷鎮企業は数が多く、地域が分散しており、自ら環境保護の組織を持たないばかりでなく、地方政府の環境保護機構に対しても配慮しようとしない。多くの個人企業の問題はさらに深刻であり、農村の汚染を点から面へと次第に拡大させ、資源の浪費が深刻となり、一部の地域の生態は

深刻なものとなっている。地方の中には「不毛の地」や「生態が死滅した地域」に変わり果てたところもある。

　2つ目は、排汚費と過料の基準が低く、企業が積極的に環境を改善することを促進するには不十分なことである。例えば、騒音基準超過排汚費は費用を納める機関の生産品の平均コストの0.331％、汚水の排汚費は企業の総生産額の0.028％であり、総コストの0.046％しか占めていない。工業分野における石炭燃焼二酸化硫黄の排汚費徴収基準は0.20元/kgである。明らかにこれらの徴収基準は低く、国民経済が毎年急速に成長し、1人当たりの収入が増加し続ける状況において、このような低い排汚費徴収基準を維持し続けることは、別の考え方、すなわち「成長こそ第一である」と「発展こそ譲れない道理である」という考え方が強固に存在していることを示している。

　3つ目は、徴収範囲が狭いことである。例えば、石炭燃焼の汚染に対しては、ただ浮遊粒子状物質と二酸化硫黄についてのみ徴収を行っている。しかし、石炭の燃焼からはまたその他の汚染物、例えば二酸化炭素などの有害な気体も排出している。要するに、汚染防止を経済手段に変換していくことは正しい方向であり、成果も取得することができるが、無視できない問題が存在していることも重視しなければならない。

　(3)　環境保護法制と法執行体系の中にも構造的な矛盾と欠点がある。中国の環境法律の体系には12の根拠がある――憲法、国際協定、全国人民代表大会が公布した環境基本法、全国人民代表大会常務委員会が公布した環境に関するその他の法律、全国人民代表大会常務委員会の憲法と基本法に対する立法解釈、国務院が公布した法律的効力のある行政法規、国家各部委員会の部門規定、環境国家基準、国務院および各部委員会、最高人民法院と最高人民検察院が行った解釈、地方人民代表大会が公布した法規および地方政府の各執行機関が公布した地方法規、最高人民法院および各級人民法院が判示した特別案例[11]。以上の12の根拠から2つの問題が導か

---

11) Michael B. McElroy, Chris P. Nielsen & Peter Lydon (eds.), *Energizing China: Reconciling environmental protection and economic growth*, Harvard University Press, 1998, p. 407.

れる。

　1つは、行政法規と法律の混淆。このことは、法律の厳粛さと権威性を低下させただけではなく、行政法規の効率も悪化させた。例えば、排汚許可証制度は今日まで「大気汚染防治法」と「水汚染防治法」に取り込まれていないし、その執行は困難な状況にある。行政法規は主に機関を対象にしている。しかし、改革開放の進展とともに、一部の民衆は機関から脱け、流動人口となった。彼らの経済活動による環境汚染は行政法規によって処理されることは困難である。

　2つは、各級人民法院と検察院が法の執行と監督において法規の解釈権を持っていることである。最高人民法院と最高人民検察院は最高解釈権を有しているが、中国の領土は広いため、各級人民法院と各検察院は法律執行の際にその地域の状況と結び付けて自己の解釈を行っている。そこで法律執行の混乱と地方保護主義により、法律の効力がかなり弱まってしまう。そのほか、各級地方人民法院の活動経費、給料は地方財政から支出され、また地方人民代表大会、党委員会と政府に対して責任を負っており、司法は独立しておらず、往々にして現地の役人に左右され、環境法の執行はいわゆる地方経済発展の大局に従うこととなる。もともと刑事罰がなかったり、軽すぎたりする法律が執行過程で歪曲され、その結果、目標を欠くこととなっている。このことは中国の環境法律体系とその執行が内部的に欠陥を抱え、法律の執行効率に非常に大きく影響しているということを意味している。

　（4）　人民特に農民の環境意識は高まったが、まだ完全に実践されておらず、民間の環境運動は政策決定においてあまり大きな作用を発揮していない。本来、中国の農民は比較的良好な、素朴な環境保護意識を持っていたが、解放以来、逆方向に転化しつつある。毛沢東時代、農民は天地と戦い、湖を埋め立てて田とし、土地をならす主力であった。彼らは自然を征服し、改造する試みを行った。鄧小平時代に、農民たちは「一切は金銭」の価値観を作った。請け負った土地では過度に耕作し過度に化学肥料や農薬を与え、請け負った草地では過度に放牧し、請け負った荒れ山では田を作った。これらの行為の目標は早く豊かになることであり、その結果、土

地がやせ、植被が退化し、砂漠化や深刻な水土流失を招いた。しかも、公有土地に深刻な「コモンズの悲劇」が発生した。農村環境は全面的に悪化したが、現在の農村改革（三農問題）は遅々として新たな成果を挙げておらず、農村生態環境の改善任務はきわめて大きい[12]。民間の環境運動はただ都市部でのみ行われており、農民はほとんど参加していない。

　中国の環境NGOは1994年3月31日に初めて出現したが、それは梁従誠が中国文化書院で創立した「緑色文化書院」であり、その後「自然の友」と改称している。もう1つは廖暁義が1996年に創立した「北京地球村」である。2001年11月までに、全国の環境NGOは2000を超えた。2000年3月、これらのNGOは共同で「アースデー 2000：中国行動」を実施し次第に連携を行い、緩やかな「中国環境NGOネットワーク」を作った。中国環境NGOは主に荒地保護、バードウォッチング、植林、絶滅危惧動物の保護、そして、緑色社区の建設、緑色消費活動の展開などに力を注いでいる。合法的な身分を獲得するのは非常に困難であり、資金はきわめて不足している。このため活動に参加する者は主に中産階級であり、一般の庶民はきわめて少数で、農民はほとんど参加していない。そのようなことから、これらの環境NGOの成果はそれほど大きくない。筆者が思うには、中国の環境NGOが米国の方式をそのまま模倣しても、成果はきわめて限定的である。仮に発展途上国のうち、むしろ環境運動が比較的進んでいる国、例えばインドなどに学んで、環境保護と貧困の撲滅を結合させるなら（都市でも農村でもよい）、もっと大きな作用を発揮できるに違いない。全国民の環境意識が低く、特に人口の大部分を占めている農民の環境意識の不足は環境政策の執行に大きく影響を与えている。中国の環境保護事業は農民の支持を得られない限り、成功しないといえるだろう。

　以上の4つの障害が直接環境政策の執行の効果に影響しているが、こと

---

12) N. K. Menzies, "Rights of access to upland forest resources in Southwest China", *Journal of World Forest Resource Management*, **6**, 1991, pp. 1–20; E. T. Yeh, "Forest claims, conflicts and commodification: The political ecology of Tibetan mushroom harvesting villages in Yunnan Province, China", *The China Quarterly*, 2000, pp. 264–278.

は単なる環境問題に限らない。中国改革開放の過程、伝統的農業国から現代工業化社会への変換過程、および中国の当面の国際局面における中華民族復興事業の過程において、一連の深い矛盾が環境領域で現れている。したがって、これらの障害の解決には時間が必要であり、改革開放事業全体の継続的な推進にかかっている。筆者は、中国はすでに中国人民の要求と願望に一致する道を歩み始めており、方向の転換はありえず、停滞があるとしても一時的であると信じている。この正しい道を中国はますます速く歩むであろう。筆者は中国の環境問題の解決について十分自信を持っている。

4 結　論

　中国の環境政策の形成と発展は、「無から有」、「行政手段を主としたものから、党政、経済、法制度の兼用」、「低い基準から基準を高める進展」の過程を経てきた。先進国の同様の時期や途上国の状況と比べると、中国の環境保護政策方面での投入と制定は際立っている。環境政策の執行によって、中国は経済の急速な発展の中で、先進国の「汚染してから改善」の道を歩まず、一定程度持続可能な発展の道を歩み出した。しかし、経済効果、社会効果、環境効果の三統一を完全に実現するまでは、一連の構造的問題も克服しなければならない。中国環境政策の発展と執行の過程は以下のことを示している。環境問題は単なる技術や科学の問題ではなく、中国の社会・経済・政治の発展、対外開放事業と緊密に結合している問題である。環境保護政策の形成と執行の効果は中国改革開放の大事業が環境領域において反映されたものである。中国改革の一層の深化発展に伴って、中国の環境保護事業は必ず、より大きな成果を挙げ、世界の環境主義に貢献し、新たなモデルを提供するであろう。

第3章
中国環境政策と
環境ガバナンスの新展開

はじめに

　中国の環境問題と環境保全は経済の急速な発展に伴って、中国の国民と世界に大きな関心を持たせることになった。西北と華北地方で相次いで発生した砂漠化と砂嵐（黄砂）、度々発生した河川や海の汚染、工業先進地方で発生した民衆の生命の安全を害する汚染事件によって、北京はグリーンオリンピックを行うことができるかが人々の注目の焦点になった。国内で相次いで4回にわたり展開された環境保護のキャンペーンと中央政府が間断なく公布した新しい政策や措置に、中国の環境保護に関心を持つ人々が期待している。しかし、中国の環境保全は決して予想した成果に達しておらず、環境の質も一部では良くなっているものの、悪化した状況は全体的に見て依然として有効に改善されるには至っていない。中国政府は近年環境政策と環境保全にどのような模索を行ってきたのだろうか？　中国の環境保全における主な問題は一体何であろうか？　中国の環境政策と環境保全は将来どのような具合にこれらの問題を解決することが可能なのだろうか？　これらの問題に対し、本章において回答を試みる。

　ここで断っておかねばならないのは、本章が対象とする時期はおおよそ2003年以降であることである。2003年以前の中国環境問題と環境政策に関しては、筆者の以前の研究を参考にしていただければ幸いである[1]。また、本章で述べた観点は私見に過ぎない点もご留意いただきたい。

1　中国環境政策の新しい模索

1.1　中国環境政策の現段階

　中国経済の急速な発展に伴ってますます顕著となる環境問題と、国際社会からの環境問題に対する大きな圧力によって、中国政府は多くの新しい考え方と目標を相次いで提起している。2003年10月14日に通過した「中共中央社会主義市場経済体制を改善する若干の問題に関する決定」におい

て、中国共産党は正式に「科学的発展観」を示した。2004年秋の中国共産党第16期中央委員会第4回全体会議においては「調和のとれた社会」の建設という壮大な構想を提示した。2005年9月15日、胡錦濤国家主席は国連創設60周年首脳会議で調和のとれた世界の建設を提案した。2005年12月3日、国務院は「科学的発展観を着実にし環境保護を強化することに関する決定」の中で、環境保護を強化することは科学的発展観の実行と社会主義調和社会建設の有力な保障であることを明確に示した。第17回全国人民代表大会では、中国共産党は上に述べた目標を以下のように具体化した。

（1） 省エネ・省資源と生態環境保護のできる産業構成、成長方式および消費方式を基本的に形成させ、生態文明を建設する。
（2） 引き続き国民に必須の利益と中華民族の存続発展に関係する資源消費抑制および環境保護の基本的な国策を堅持する。
（3） 省資源型と環境に配慮した社会の建設を、工業化と現代化発展戦略の重点として位置付け、事業活動と国民行動において実施を求める。
（4） 省エネ・省資源と生態環境保護に有利な法律と政策を徹底させ、持続可能な発展体制メカニズムの形成を速める。
（5） 省エネと排出削減活動の責任制度を実行する。
（6） 気候変動に対処する能力の構築を推進し、気候の保全に新たな貢献をする。

以上によって、中国の党と政府の環境保全に対する考え方は明白かつ時代の要請の潮流と一致しているといえる。

政策面から見れば、中国の環境保護は主に3つの側面から繰り広げられている。第1に、省エネ・排出削減政策を推進し、汚染を減少させる。第

---

1) Bao Maohong, "The evolution of environmental policy and its impact in People's Republic of China", *Conservation and Society*, Vol. 4, No. 1, March 2006. 待井健人・井上堅太郎・泉俊弘・包茂紅「中国の環境政策と地方の役割に関する一考察」財団法人環境情報科学研究センター編『環境情報科学論文集』第20集、2006年11月、所収。包茂紅「中国的環境問題與環境政策」『中国研究』韓国釜山大学主弁、第3集、2007年8月、所収。

2に、退耕還林還草政策（耕作を中止し、耕地を林地や草地に戻す政策）を推進し、生態系建設を進める。第3に、公衆の参加と問責制度を促進させ、環境保全の原動力を強化することである。

1.2　省エネ・排出削減政策の具体的内容

省エネ・排出削減は循環型経済建設の重要な内容である。循環型経済というのは、つまり「排出最少化、廃棄物資源化と無害化」を実行して、経済成長方式を「大量生産・大量消費・大量廃棄」のような「資源投入―製品―消費―廃棄」の持続不可能な直線型経済から、「資源投入―製品―消費―資源再生」のような環境調和型の高効率の循環経済に転化するということである[2]。この目標を達成するため、中国政府は一連の関連政策を打ち出した。

第1に、国家レベルの気候変動と省エネ・排出削減に対処する指導グループを創設して、温家宝総理が自ら班長を担当する。「中華人民共和国国民経済と社会発展第11次5カ年規劃綱要」の中に、期間中に国内総生産単位当たりのエネルギー消費量を20％程度下げ、主要汚染物質の排出総量を10％程度減少させるという拘束力ある目標を示した。このきわめて困難な任務を果たすため、各部門がこれらの目標をそれぞれ分担することにした。北京、江蘇、山西、江西、内モンゴルなどの省、市、区が循環型経済発展の具体的計画を定め、循環型経済発展を「第11次5カ年規劃」の重点項目として位置付けた。鉄鋼、非鉄金属、石炭、電力、化学工業、建築材料、軽工業という7つの業種の35の大企業で循環型経済モデルの試行を開始した。13の開発区と工業地区、および10の地域も初の国家循環型経済のモデル地域として組み入れた。省市区の経済社会発展の実際の成果に対する審査と評価の中に、「万元GDP単位当たりのエネルギー消費減少率」、「主要汚染物質排出強度」、および「総量抑制率」などの目標を設けた。

第2に、省エネ・排出削減に関する法律、政策の策定および実施のスピードを速める。全国人民代表大会常務委員会が2007年6月に「省エネルギー法（改正草案）」を審議し、8月に「循環型経済法（草案）」を審議した。国務院常務会議では「民用建築省エネ条例（草案）」が討論された。国務

院弁公庁から公文書が配布され、夏期と冬期の公共施設の室内温度の調節基準が設定された。関係のある部門が粗鋼、セメントなど22の資源消費率の高い製品に対し、強制的に国の上限基準を設け、非鉄金属、鉄鋼、農薬、製紙などの業種の汚染物質排出基準を定め、「GDP単位当たりの資源消耗統計基準体系、観測体系と審査認可体系の実施方案」および汚染排出削減目標、観測と審査認可体系の構築に関する意見を提出した。また、「小型火力発電設備の送電価を下げ閉鎖を促進する業務に関する通知」、「都市熱供給価格管理暫行弁法」、「石炭火力発電設備脱硫電価および脱硫施設運行管理弁法（試行）」、「火力発電所脱硫特許経営試行業務に関する通知」など省エネ・排出削減に有利な経済政策が実施され、省エネ技術改造項目に対しノルマに基づき財政で奨励する方法や、「中央財政主要汚染物質排出削減専用資金管理暫行方法」が打ち出され、そして「省エネ目標責任評価審査実施方案」と「主要汚染物質総量排出削減審査管理方法」が公布され、省エネ・排出削減の観測体系と審査体系がより充実され、しかも問責制度が実行される。

　第3に、一部の都市で「グリーンGDP」算出を実験的に開始する。グリーン計算あるいはグリーンGDPというのは、国内総生産の増加のうち生態環境コストを差し引き、それによって経済発展の実際の状況を反映させるということである。推定によると、仮に1990年代のGDP成長率を年平均9.8％で計算してみれば、そのうち約4〜6％は自身の生存環境（自然資源と環境）を犠牲にしたことによって得たものだ（自然資源の長期的な累積損失を含まず）。国家環境保護総局と国家統計局が2006年9月に共同で公表した、2年を期間とする「グリーン国民経済計算」研究報告によると、2004年に全国で環境汚染による経済損失は640億ドルであり、当年のGDPの3％を占めた。もし汚染コストも入れるならば、2004年の中国の実質成長率は7％弱となり、10％前後にはならないことになる。

---

2) 国家発展改革委員会主任馬凱の2004年の講演「科学的発展観を樹立、実行し、経済成長方式の根本的転換を推進する」による。

中国政府は省エネ・排出削減問題を非常に重視して、この問題を国全体に関係する一大問題として取り上げ、かつてない力で解決しようとしているといえる。しかしこれは経済成長の転換に関係する大問題であるために、効果に限界があり、引き続き持続的に進めていく必要がある。

1.3　生態系建設の推進

　汚染源から工業汚染を排除すると同時に、中国政府は農村地域で大規模な生態系建設を行った。第三世代の指導者が1999年に「耕地を林（草）に返し、山を封じて緑化し、業を個人の請負となし、食糧を与えて救済に代える」という政策方針を打ち出した。その後、国務院の関係する機関が推進するモデルの基礎のもとにこれらの方針を具体化して、農民の積極的な参加を促進する具体的な政策を策定した[3]。主な内容は、第1に、国は耕地を返上した世帯に無償で食糧の補助を提供する。長江上流地区では150kg/畝、黄河中上流地区では100kg/畝を支給する。第2に、国は耕地を返上した世帯に一定期間中20元/畝の基準で補助金を出して、家計を援助する。第3に、国は50元/畝の基準で耕地を返上した世帯に苗木の購入費用を提供する。第4に、退耕還林の補償期限は森林の用途によって区別され、経済林であれば補償期間5年、生態林であれば補償期間8年とする。第5に、退耕還林（草）の土地の請負期間を70年間に延長し、所属する役所によって林草権利所有証明書が発行され、合法的な相続と譲渡を認める。

　2000年3月、国務院が17の省市および新疆生産建設兵団で退耕還林モデルを正式に開始した。2002年1月10日、国務院は正式に退耕還林プロジェクトの全面開始を宣言し、その範囲は24の省、地区に拡大した。8年の建設を経て、完成した退耕還林は合計で1.39億畝、原野での植林は2.05億畝、封山育林は2000万畝になった。大規模な還林還草を通じて、森林被覆率は平均2ポイント引き上げられ、そのうち内モンゴルは約4ポイント、陝西省延安市は約25ポイントを引き上げた。水土の流失や風砂被害も明らかに改善された。しかし、退耕還林工事で著しい成果を挙げたとはいえ、この成果をどう保つか、そして耕地を返上した農民たちの将来の生計問題をどう解決するかは依然として難しい課題である。退耕還林補助政策の期

限が次第に近づくにつれ、金銭と食糧の補助を打ち切れば一部の農民の生活は影響を受けることを余儀なくされ、再び貧困に陥り、退耕還林の成果も持続することができなくなる。そこで、党中央、国務院は退耕還林政策をさらに改善することを決定した。

　2007年9月10日、中国政府は「退耕還林政策を改善することに関する国務院通知」を公布して、引き続き耕地を返上した農民に補助を与えることにしている。その基準は、長江流域および南方地区は105元/畝/年、黄河流域および北方地区は70元/畝/年である。従前からの毎年20元の生活補助金に加えてこれを農家に支払い、管理の任務を果たしてもらう。補助期間は、生態林は8年、経済林は5年、植草は2年とする。同時に、食糧生産のための畑の開拓に力を入れることによって、農家の将来の生計問題を解決し、退耕還林の成果を持続させる。そのために5年間をかけて、西南地区の農民1人当たり0.5畝以上、西北地区1人当たり2畝以上、かつ安定して高い生産量を持つ農耕地を所有するようにするという目標の実現を目指して努力しようとしている。農耕地の開拓について、政府は予算の基本建設投資と退耕還林成果を強化する専用資金から支出し、西南地区は600元/畝、西北地区は400元/畝としている。これらの補助は、各地方が現地の状況に合わせ、国の定めた補助基準に基づいて行うが、地方の考えにより補助を引き上げることもできる。補助期限の延長、そして退耕還林の生態系建設の成果をより確実にし、農民たちの生産生活条件を改善することを通じて、徐々に生態系環境の改善、農民の増収と経済発展を促進する長期的な体制を作り上げて、退耕還林地区の経済社会の持続可能な発展を促進することが期待できる。

1.4　情報公開と公衆参加の制度

　環境保全と環境建設の政策を打ち出すと同時に、中国政府は環境保護事

---

3)「退耕還林条例」、「森林採伐更新管理弁法」、「関於以粮代賑、退耕還林（草）的粮食供応暫行弁法」、「関於進歩做好退耕還林試点工作的若干意見」、「関於開展2000年長江上游黄河中上游地区退耕還林（草）試点示範工作的通知」、「関於進一歩完善退耕還林政策措施的若干意見」、「国務院弁公庁于切実搞好"五箇結合"進一歩巩固退耕還林成果的通知」等。

務の情報公開と公衆の参加制度および正確な成果評価の推進により、政策を強力に実施した。2003年9月1日から実施した「中華人民共和国環境影響評価法」によると、国務院の関係機関であれ、地方各級政府とその関係機関であれ、計画を立案するにあたって環境影響評価の実施も組み入れるべきであり、それを行わなければ違法行為にあたるとされ、違法に対する法律責任も負わなければならない。これによって、当初から不適切な計画で生じた様々な環境問題の回避を図ることができるようになった。また、「国は関係機関、専門家および公衆が適切に環境影響評価に参加することを奨励する」と定められ、中国国民の環境事情を知る権利、政策決定に参加する権利、環境政策の実行を監督する権利など、環境をめぐる権益が初めて国の法律に規定され、法律の保護を受けることとなった。2006年3月18日、環境影響評価活動の公衆参加を確実に推進するため、国家環境保護総局は「環境影響評価公衆参与暫行弁法」（以下、「暫行弁法」）を制定し、公開、平等、周知と便益の4つの原則において、公衆、建設機関、環境保護機関の3主体の権利と義務を明確に示した。公衆の意見を把握し、専門家の意見を聴取し、加えて座談会、論証会、公聴会といった5つの公衆参加の具体的な方法が示され、建設機関が審査に供する報告書に、公衆の意見を受け入れるかどうかの説明を添付すべきことも明確に要求した。「暫行弁法」の実施は、より具体的な制度とより実行しやすい手順で公衆の有効な参加を保障し、そのことによって公衆の環境権益の確実な保障や、環境配慮の民主化の強化、そして、配慮の不足による一部の項目の完成後のトラブルの頻発ひいては集団行動事件の防止に資することになった。

1.5　その他の政策

　その他に、政府幹部が一方的にGDP成長率のみを追求する状況を変えるため、中国共産党は科学的発展観に基づき、幹部の選抜と任用を始めた。中央組織部は四川省、浙江省、内モンゴル自治区をモデルとして新たな総合成果審査時に、4つの環境保護に関する目標を加えた。①環境保護法規の執行状況、②汚染排出状況の変化、③環境状況の変化、④公衆の満足度、である。喜ばしいのは、一部の省市が自主的に模索し始めたことだ。例え

ば、黒竜江省と重慶市はそれぞれ各市区県級党政指導幹部グループの責任目標審査方法の中に環境保護の目標を加えた。河北省、広東省、天津市、吉林省、江蘇省なども環境保護目標を幹部の成果審査項目に入れた。また、中央組織部は2007年に環境保護目標を正式に党政指導幹部の功績審査の内容に加え、問責制度を作り、地方擁護勢力による環境法律執行妨害の問題解決を試みようとしている。施策のミスで引き起こされた重大な環境事故や、環境法の執行に対する重大な妨害行為をした指導幹部と公職の人員に対し、責任を追及する構えだ。

　これらの措置によって、中国の環境保護事業の発展が強力に推進され、調和社会の建設に良い基礎が提供された。しかし、これらの政策の普及は順調というわけではなく、様々な抵抗勢力にぶつかりながら一歩一歩前へと進んで行くことになるだろう。

2　中国環境保全における顕著な矛盾

2.1　目標達成の困難性

　中国の環境保全施策の効果はただちに現れるものではない。元国家環境保護総局局長で全国人民代表大会資源・環境委員会前主任の曲格平の話によれば、「我々の経済計画目標は達成目標を超えたが、環境保護目標だけは25年間に一度も達成したことはない」[4]という。省エネ排出削減の面において、2006年の初めに設定した目標を達成しておらず、2007年前半の情勢も厳しいものであった。鉄鋼、非鉄金属、電力、石油化学コンビナート、建築材料、化学工業など6つのエネルギー多消費業種は20.1％増加し、前年同期に比べ3.6ポイント増えた。主要汚染物質の排出量も環境容量を大幅に超え、太湖、巣湖の水汚染事件などの突発環境事件が相次ぎ発生しており、環境問題により引き起こされた集団行動事件は年平均29％の割合で増え、社会の調和に影響する重要な制約要因になりつつある。省エネ・

---

4)『報刊文摘』2006年8月7日参照。

排出削減と環境保護問題が適切に解決できなければ、資源環境に依存することや環境が許容する限度を維持することができなくなり、社会の持続的な発展も難しくなる[5]。

このような結果を招いた主な原因は2つある。第1は、環境保護制度はまだ不完全であること、第2に、現行の環境政策は業界と地方保護主義によって実行できないことである。

2.2 制度の不完全性

環境保護制度の不完全性は主に2つの面で現れている。1つには、環境保護政策の内面には構造上の矛盾あるいは欠陥がある。中国の環境法体系には12の種類があり、それぞれ憲法、国際協定、全国人民代表大会が公布した環境基本法、全国人民代表大会常務委員会が公布した環境に関するその他の法律、全国人民代表大会常務委員会が示す憲法と基本法に対する立法解釈、国務院が公布した法的効力を持つ行政法規、国家の各部・委員会が公布した部門規章、国家環境基準、国務院および各部・委員会、最高人民法院と最高人民検察院が示す執行上の解釈、地方人民代表大会が公布した法規および地方政府各執行機関が公布した地方法規、最高人民法院および各級人民法院が示す特殊事案である[6]。

これらのことから、行政制度と法律が混同されているのがわかる。そのことによって、法律の威厳と権威が低下しただけでなく、行政規章の効率も下がってしまうことになる。例えば汚染物質排出許可証明書制度はいまだに「大気汚染防治法」と「水汚染防治法」に取り入れられておらず、実行するには法律的な根拠がないという陥穽に落ち込んでいる。行政法規は主に会社や事業場を対象として制定されたものだが、改革開放のさらなる発展に伴い、一部の人々が会社を離れて経済活動を行うようになり、そのことによる環境汚染は行政法規で処理するのは難しくなっている。

もう1つは、環境政策そのものには環境利用のコストが反映されていないことである。一部の資源依存度の高い製品の価格には資源の減損の程度と市場の需給の関係が十分に反映されていない。製品の前期開発コスト、環境汚染改善のコストと資源消耗後の減耗コストを価格に十分に反映して

おらず、企業が資源を開発利用するときに生じた外部コストは内部化されていない。資源依存度の高い製品の価格水準は全体的にやや低めで、例えば石炭価格、住宅用電力価格、水道価格には資源補償と環境コストが反映されていない。関連法規は「汚染者負担の原則」を認めているが、基準が低すぎる。現在の汚水、排気ガスの排汚費の徴収基準は汚染改善コストの半分程度に過ぎず、実際の徴収率はさらに低く、資源の浪費と環境破壊行為を有効に抑制することが難しいのである。

2.3　妨害勢力による抵抗

　第2に、業界と地方保護主義による抵抗は深刻で、現行の環境政策が実行できないことである。中華人民共和国が成立して以来、単一制国家制度が実施されている、つまり縦横を分割したような形の体制だ。環境管理は横断的な側面を持つが、現在の環境管理方式は分割されており、工業汚染は環境保護局に、農業汚染は農業部に、汚水処理工場は建設部に、水管理は水利部に属し、海洋汚染は海洋局、黄砂管理は林業局に、それぞれ属しているように、責任、権限、便益が統一されておらず、行政コストが高いだけではなく、各分野に跨る環境問題に対応するのも難しい。縦から見れば、各下級人民政府は上級人民政府によって任命され、上級人民政府に従う。政府指導者の任命は実際には上級の党委員会によって推薦され、現地の人民代表大会で承認されるので、地方指導者は政治面において上に対し責任を負うが、現地の住民に対し責任を負うものではない。しかし財政面において、中央政府では改革開放以後、分権制と分税制が実施されたことにより、地方政府の利益が確保されて、つまり経済が発展すればするほど現地政府が自分で調達できる財政収入も多くなる。このことによって、中央政府から環境保護を要求されたとき、地方政府はあまり実行しない。ま

---

5) 国家発展と改革委員会主任馬凱の2007年8月26日第10期全国人民代表大会常務委員会第29次会議での報告「国務院のエネルギーを節約し環境を保護する活動状況に関する報告」による。
6) Michael B. McElroy, Chris P. Nielsen & Peter Lydon (eds.), *Energizing China: Reconciling environmental protection and economic growth*, Harvard University Press, 1998, p. 407.

た、各地方人民法院の活動費用や給料も地方財政から支給され、地方の人民代表大会と党委員会および政府に対し責任を負わなければならないため、司法は独立できず、地方指導層に左右されやすく、環境法を司るにあたって地方経済発展の全体的な情勢に従わなければならないこともしばしばである。各級人民法院と検察院は法律の執行と監督にあたって法規に対する解釈権を持っているため、法律を執行するにあたって地方の状況に合わせ、地方擁護勢力に便宜を図る解釈に陥りやすいのである。

地方保護は典型的には以下のような点に現れる。①中央政府の環境政策に対し取り合わないことである。環境影響評価法を実施して2年、全国各地区や業界において多くの開発計画が策定されたが、「北京市総合規劃」、「国家高速道路網規劃」、「全国港湾整備規劃」のような国務院の審査が必要な計画でさえ、環境影響評価が実施されなかった。②表面的には環境政策を支持する態度を表明するが、具体的な実施方法を制定しないことである。上海、河北、内モンゴルなど10の省市区では規劃環境影響評価に関連する方針を打ち出したことがあるが、大部分は転送のレベルにとどまり、関連する具体的措置を定めていない。内モンゴル自治区では環境影響評価が行われていないにもかかわらず、2002年から2005年までの間に、新たに134の電力プロジェクトを完工し、総投資額が4000億元余りに達し、設備の発電総量が8434.5万キロワットにも達した。内モンゴル自治区政府が大胆に中央の政策に違反するのは、やはり一方的に経済成長率を追求するからである[7]。データによると、内モンゴル自治区のGDP成長率は何年も連続で全国1位を維持している。③地方政府は汚染企業の保護の擁護役をしてしまうことである。大部分の地方政府は迅速に経済を発展させるため、あらゆる方法で投資を呼び込み、汚染企業に対して公式に保護政策すら打ち出している。税務機関を除き、他の管理部門は政府の許可がない限り企業内に立ち入り検査することが禁じられている。貴州省六盤水市副市長・葉大川は2006年9月22日に、国家環境保護総局、国家発展改革委員会と監察部など国務院の7つの機関で作り上げた「違法汚染排出企業を整理させ、民衆の健康を保障する環境保護活動」監査組(第六組)の質問に対し、「六盤水市都市中心部の空気質量は常に安定して、国の二級基準に達

しており、貴州省の9つの都市の中で一番良い」、「市内どこにも石炭化学工業はない」、「水源保護区にどこにも工業はない」などと、公然と嘘を言った。④地方環境保護局が苦しい立場に置かれているということだ。「彼らの大部分は原則を守っているが、強い後ろ盾を持つ者には手のつけようがない」、「投資誘致は政府行為であるため、指導者は慣例を破り、考えを変えなければ辞めてもらうと要求する。環境保護局は地方政府に属するため、法執行はなかなか難しい」と環境保護局員の1人は言っている。具体的に言えば、3つの検査することができない領域がある。開発区、重点保護企業、そして指導者の同意を得られない企業である。そこで、地方環境保護局は「当地のトップの恨みを買うより、国家環境保護総局長の恨みを買うほうがまだよい」と考え、さらにおかしいことには、「多くの地方環境保護局長が現地の汚染状況を通報するときに、国家環境保護総局に匿名の手紙を出す方法をとるしかない」という。これでもわかるように、中国の環境政策は地方分権とその進行過程で、地方政府が自らの地域の利益を追求することによって解釈されるだけでなく、国家環境保護総局が管理できない「地方王国」すら作ってしまった。

　業界と地方保護主義により国家の環境保護措置の公表が妨害され、そのうちの2つが国内外から注目された。1つはグリーンGDPが行き詰まったことだ。2004年3月、国家環境保護総局と国家統計局が「全国グリーン国民経済計算および汚染損失調査」の研究を始めた。2006年9月、その計算報告を公表したが、31の省（市、区）の順序を公表しなかった。当初の計画によれば、2005年の関連データを2007年の旧正月前後に公表する予定だったが、その後、2007年の「両会」（全国人民代表大会と全国政治協商会議）前後に延期された。そして最終的に2007年7月12日に、国家統計局長謝伏

7）温家宝総理は2006年8月16日に国務院常務会議を開き、内モンゴル新豊発電所プロジェクトの規定違反建設と発生した重大工事事故に対し厳しい処分を行い、そのうえ、きわめて例外的にトップ責任のある内モンゴル自治区人民政府主席・楊晶、副主席・福洪、趙双連に対し国務院に書面検査結果を提出するよう指示した。同時に8月16日から『人民日報』で3回にわたり評論員の文書が発表され、「大局意識を強め、政令が浸透するよう確保しなければならない」と強調された。

膽が「2006年単位GDP当たりエネルギー消費公報発表会」で、「いわゆるグリーンGDPは、1つの俗称で、国際的にこういう意味のGDP計算基準がまだないため、国家統計局としてこれらのデータを公表することができない」と宣言してしまった。これは明らかに言い逃れであり、その根本的な原因は地方と業界領域のトップたちの猛反対にあったことである。

　もう1つは「規劃環境影響評価条例」が行き詰まったことだ。中国が直面している環境問題は、産業と地域発展の配置が不合理であるという構造上の問題で、その根元は発展政策決定の段階にある。計画環境影響評価は産業と地域発展の配置、構造および規模をより良い方向へ導く有効な制度手段であり、環境と発展の総合方策を促進し、科学的発展を実現するための有力な保障でもある。「規劃環境影響評価条例」の制定はすでに2005年から始まり、2007年8月、あるいは9月に公表される予定だったが、現時点では延期されたままだ。その理由は、計画環境影響評価が重要視している長期利益と全体利益は職能が不明確で、しかも「審査認可を重視し、規劃を軽視する」行政部門利益と「より短く、より早く、より安定して業績を出す」地方利益との間で軋轢が生じており、多くの地区と機関がこの政策を容認しないだけではなく、さらに様々な理由でこの計画環境影響評価を進展させる責任から逃れようとすることである。

　要するに、中国の環境問題がなかなか解決できない根本的な原因は政策が十分でないことであるとはいえないが、効果のある環境政策は確かに不足している、環境保護機関および幹部たちが努力していないとはいえないが、環境保護機関の執行権限が確かに不足しているということだ。これらの問題は繕えば解決できるような技術的な矛盾ではなく、構造上の問題である。これは中国の経済改革が持続的に進展している一方、政治体制改革が停滞して前進しないことにより必然的に生ずる結果であり、中国社会の各界各層が絶え間なく互いにぶつかり合う結果でもある。これらの問題の解決は改革のさらなる発展に頼らざるを得ないところであり、特に政治体制の改革が待たれる所以である。

3　4回の環境保護集中取締り活動

3.1　環境保護監察センターの設立
　厳しい環境管理情勢と政策が閉塞状態で執行力が弱いといった現実に対処して、中央政府の環境保護管理機関が一連の非常措置をとり、環境保全と調和のとれた社会の構築を結び付けるという活動を広く進めようとしてきた。
　まず、中央政府は2006年7月から全国的な国家環境保護総局の出先となる執行監督機関として、華東、華南、西北、西南、東北の五大地域で環境保護監察センターを設立した。センターには正式な係員が置かれており、必要経費は中央財政が負担する。西南環境保護監察センターでは係員が40人で、全国面積の4分の1を所管し、全国人口の6分の1を占める重慶、四川、貴州、雲南、西蔵（チベット）といった地域の監察にあたる。計画によると、各省もこのような機関を設ける必要があり、江蘇省はすでに蘇南、蘇中、蘇北に3つの環境保護監察センターを設立した。2010年までに総局の環境監察局と五大地域環境保護監察センター、および各省、自治区、直轄市の環境監察機関は、すべて一級基準を達成するべく、全国65％の重点汚染源に対する監察を実現する。地域環境保護監察センターの主な職責は、地方の国家環境政策や規制に対する執行状況の監督、環境汚染および生態破壊の重大事件の調査・処分、省、区域と流域に跨る重大な環境トラブルの調整・解決、特に重大な突発環境事件の処理状況の監察などとされる。五大地域環境保護監察センターの設立は垂直的な管理方式を採用している。人材、財政、物質の面で地方政府と分離しなければ、地方政府による干渉を避け、流域や行政地域に跨る環境問題を解決するのに重要な役割を発揮することができないからだ。

3.2　国家環境保護総局による集中取締り活動
　次に、国家環境保護総局は2005年から4回にわたり、環境保全を怠った一部の独占業者と地方政府を集中的に取り上げて環境保護の集中取締り活

動を展開した。

　第1回は2005年1月に、「中華人民共和国環境影響評価法」の中の「建設プロジェクトの環境影響評価文書が法律で定められた審査認可機関の審査を受けず、あるいは審査後に承認を得ずに、着工してはならない」という規定に違反した30のプロジェクトと、46の脱硫設備を動かしていない火力発電所の名簿が公表され、その中には五大発電グループ（華電グループ、華能グループ、国電グループ、大唐グループと中電投グループ）傘下の19の発電所も含まれていた。同時に、長江三峡開発工程会社本社、内モンゴル自治区交通庁など5つの企業と機関に文化行政処罰事前告知書を出した。このような五大発電グループにも容赦なく、大規模に違法企業を摘発することは、国と協力して一部の業者の規律違反と一部の地区の過熱投資地区を抑制する大局的な調整政策であり、国家環境保護総局の法執行と監察を強める決意も示した。

　第2回は松花江事件後の2006年6月に、国家環境保護総局が河川流域といった環境に配慮を要する地区に立地した投資額4500億元に達する127の化学工業と石油化学プロジェクトをそれぞれ検査し、その一部の環境規制に違反した投資額約290億元のプロジェクトに生産・営業停止処分を行い、また11の河岸に建設され水質悪化が深刻に懸念される企業に改善命令を出した。

　この2回の「キャンペーン」が主に企業利益のため違法行為をした国営大型企業（電力と石油化学工業）に対するものとすれば、次の2回のものは主に地方政府の不作為に対するものといえる。

　第3回として、2007年1月、国家環境保護総局は82の環境影響評価制度と「三同時」制度に重大な違反をしている投資事業（1123億元）、全国22の省市に関連している鉄鋼、冶金、電力、化学工業など12業種のプロジェクトに対し通報を行った。「三同時」規定に違反した23のプロジェクトに対し、期限内に検査手続きを完了させ、期限内に改善させ、あるいは生産停止するよう指示した。さらに無許可で建設した59の規定違反のプロジェクトに対し、建設あるいは生産停止するよう指示した。また、国家環境保護総局は初めて「地域審査認可制限（区域限批）」政策を使用して、

河北省唐山市、山西省呂梁市、貴州省六盤水市、山東省莱蕪市の4つの行政地域に対し、規定違反プロジェクトが徹底的に改善されるまで、地域内の循環型経済関係を除き、すべての建設プロジェクトの審査認可を停止することにした。これは中国政府が重度の汚染産業の無制限な拡大を抑制し、汚染物質の排出を減少し、さらに環境を改善する決意を表明したものだ。

　第4回は、2007年7月に太湖藍藻事件が発生した後、国家環境保護総局が黄河、淮河、海河流域および長江流域の安徽省部分に位置する内モンゴル自治区・バエンノウアル市、河南省周口市、陝西省渭南市、山西省襄汾県と安徽省芜湖市経済技術開発区など水汚染問題の深刻な6市2県5つの工業団地に対し、「流域審査認可制限（流域限批）」を実施して、汚染防止と循環型経済関係を除き、すべての建設プロジェクトの環境影響評価審査認可を一時停止させ、同時に38の企業に対し監督処理措置を取った。こうした例に見られるように、「流域審査認可制限」措置を通じて、地方政府に産業構成の調整を積極的に推進し、流域水環境の改善を推進し、環境管理能力を高めることができる。

　この4回の集中取締り活動によって、ある程度予定した目標に達したといえるだろう。特に喜ばしいのは、2007年に2つの主要汚染物質排出量が減ったことである。具体的には、1年間に全国の化学的酸素要求量（COD）は1383.3万トンで、2006年に比べ3.14％減り、二酸化硫黄排出量は2468.1万トンとなり、2006年に比べ4.66％減った。しかし、これをもって中国環境保護の「転換点」と宣言するなら、少し言いすぎではないかと筆者は思う。なぜならば、この2つの減少はすべて特別な行政手段で、国が実施した全面的政策の背景のもとで完成したものであり（環境保護は一定程度投資過熱を抑制する臨時的な出発点に過ぎなかった）、持続性があるかどうかはまだ注視し続けていく必要があるからである。実際、これらの措置は常態化や制度化できないだけでなく、根本的な解決にもならない[8]。しかし、これらの集中取締り活動を通じて、中国政府はついに努力の必要があ

---

8) 紅菱「四輪風暴為何卷不走"環保頑症"？」『金羊網』2007年8月16日。http://www.ycwb.com/myjjb/2007-08/16/content_1586067.htm

る次の方向を見定めたのだ[9]。

4 中国環境ガバナンスの新しい動き

4.1 「三つの転換」と政府の積極姿勢

　2006年に開催された第6回全国環境保護会議で、温家宝総理は環境保護工作が「三つの転換」を実現しなければならないと強調した。つまり、①経済成長を重視し環境保護を軽視する姿勢から、環境保護と経済成長を共に重視する姿勢に転換して、環境を保護しながら発展を追求すること、②環境保護が経済発展より後れている状況から、環境保護と経済発展の同時進行に転換して、汚染した後に改善したり、改善しながら破壊したりする状況を変えること、③主に行政手段で環境を保護することから、法律、経済、技術と必要な行政手法を総合的に活用し環境問題を解決することに転換して、経済法則と自然法則に従い、環境保護事業のレベルを高めること、である。この「三つの転換」の提案の後、中国政府には、適切に経済成長方式を変更し、経済発展と環境保護の関係を調整し、社会主義市場経済に適応し、および法治国家であることを踏まえて、環境保護の面で大きな一歩を踏み出そうとする姿勢が見られる。当面の環境保全について、主管機関の権限と垂直管理機能を強化するだけでなく、さらに制度の整備を通じ市場の役割を発揮させなければならない。

　2008年3月11日、第11期全国人民代表大会第1次会議第4回全体会議で、国家環境保護総局は環境保護部に昇格した。環境保護部の定員、構成、職能など多方面においてある程度強化され、主な職責もさらに拡大し、「環境保護の計画、政策と基準を立案、実施し、環境機能区域を指定し、環境汚染の防止を監督管理し、重大な環境問題を解決する」等と定められた。全体からいえば、昇格によって、環境保護部は国務院の政策立案機関に相当するものとなり、以前のように政策提案ができないために問題の解決を図ることができないという弱点を解消した。具体的な職能から見れば、優先的に強化されると思われるのは環境監視測定職能だ。環境保護部は環境

監視測定局を単独で設立することに関する枠組みを決定し、「汚染源自動監視制御設備運行管理弁法」という名の規定を公表し、汚染源自動監視制御設備の運行や監視測定データの報告、社会的監督の要請を行い、さらには個人あるいは団体が汚染源自動監視制御設備運転中に違法違反行為を発見すれば、環境保護機関に告発する権利も明確にされた。これからは環境監視測定の社会化を推進することも想定しており、社会機関によって各環境評価機関を監視測定し、正確なデータを提供するように促すことになる。また、環境保護部は他の関係ある機関と戦略的に連携し、引き続き重大な環境違法事件を明らかにして取り締まり、厳しく責任を追及することもできる。期限までに排出削減義務を達成できなかった企業、総量目標を超えた企業、主要河流断面水質が基準に届かなかった企業、都市汚水処理場の建設が大幅に遅れる企業や正常運行できない企業、および汚染が深刻な技術と設備を更新する義務を果たすことができなかった地方あるいは企業（集団）に対し、引き続き区域と流域の審査認可を強化する。また、環境保護部は地方環境保護部門の人材不足、財政に対する管理権がないという問題を打破し、地方環境保護部門に下ろした業務の達成状況を審査する権限を得て、その審査結果を地方政府リーダーの功績を審査する際に重要な部分とすべきであることを求めている。その他、地方環境保護局トップの任命に対し、環境保護部はある程度の否決権を持つべきである。国家環境保護主管機関の権限の拡大は業界と地方保護勢力に対する攻勢や環境保護事業の健全な発展に有利に働き、また人々の環境と調和する社会についての認識を改めさせ、さらに調和社会建設の歩調を速めることになる。

　効果のある環境法規がそれほど多くないという現実に対し、環境保護部は全国人民代表大会環境資源委員会と緊密に連携して、既存の法律について、時代の変化に合わせて改訂することにした。全国人民代表大会環境資源委員会主任・毛如柏の紹介によると、第10期全国人民代表大会第5回会議出席団から提案され、全国人民代表大会環境資源委員会によって審議された環境と資源保護に関係する法律が15、改正する法律が9つだった。そ

9）潘岳「告別"風暴"建設制度」『南方都市報』2007年9月10日。

のうち3つの立法項目の法律草案はすでに全国人民代表大会常務委員会に提出、審議に付され、2つの立法項目は第10回全国人民代表大会常務委員会立法計画に取り入れられた。その他、6つの立法項目のうち、2つは国務院立法計画に取り入れられ、4つは関係ある機関による研究起草中で、条件が揃えば全国人民代表大会常務委員会立法計画に取り入れられることになる。これらの改訂の必要のある法律の中に、中国環境保護の基本法である「環境保護法」も含まれている。法律改正の基本的な方向性の1つは、政府の責任を強化し、処罰権限をさらに強め、そして地域の総合整備を推進することだ。

4.2　グリーン化のための具体的施策の内容

　行政による外部的な規制を絶え間なく強めると同時に、環境保護部はまた、中央銀行、銀行監督管理委員会、保険監督管理委員会、財政部、商務部などと連合して、国務院による政策を公表する形式で、完全な環境経済政策体系の構築を図っている[10]。環境経済政策というのは、市場経済原則の要求に従い、価格、税収、財政、貸付け、費用の徴収、保険などの経済手段を運用して、環境コストを内部化することを通じて市場主体の行為を調節しあるいは影響を与え、資源環境の保護および持続的に利用できるメカニズムを建設し、最終的に経済建設と環境保護に調和した発展を実現するという政策である。具体的にいえば、次の7項目である。①グリーン税制の実施。環境税を導入し、環境に配慮する行為に対し所得税、増値税（付加価値税、VAT）、消費税の減免および減価償却を早めるなど税収優遇政策を与える。環境に配慮しない行為に対しては汚染排出量に応じた直接汚染税、間接汚染に応じた製品環境税を課する。②環境コストの徴収を強め、汚染者が徴収通告により政府に納付する費用は自ら環境改善する費用より高く設定すべきで、「違法行為をすればコストが低い、法律を守ればコストが高い」といった現状を徹底的に改善すること。③グリーン資本市場を創設し、汚染企業に対し強い措置を取り、直接あるいは間接融資の資金の打ち切り措置をとることである。環境に配慮した企業に対しては「グリーン貸付け」あるいは「グリーン政策性貸付け」を提供する。④生態補

償モデルを作成し、加害者に対する賠償責任を明確化させ、被害者に対し財政転換支払い(地域間の均等発展を図り、経済発展の後れた地域に対する財政援助制度)によって補償し、さらに環境破壊に関連した利益者の分配関係を調整し、生態機能を改善あるいは回復させること。⑤排出権取引市場を立ち上げ、汚染者の汚染改善に対する積極性を引き出すことによって、汚染抑制の総コストを下げられるだけでなく、環境容量と資源の適正な配置も改善され、環境保護目標を実現させること。⑥グリーン貿易を完全にし、エネルギー製品、低付加価値鉱産物と野生生物資源の輸出に対し環境補償費を徴収し、排気量の大きい自動車の輸入に対し環境税を徴収し、環境汚染の低い中古鉄鋼や中古非鉄金属の輸入に対しグリーンマーク認証を実施すること。⑦グリーン保険を設立し、企業が環境保険(環境保険の保険料は企業の汚染程度に正比例する)に加入することを奨励し、保険会社により汚染被害者に賠償を行うことである。そうすれば、企業の破産を防ぐことができ、政府の財政負担も軽減され、また環境と汚染被害者を保護することもできる。3者のwinwinを実現できる。

　これらの政策の決定と実施には無論長い時間がかかるが、その中で、すでに試験的に開始あるいは公表された政策は5つある。グリーン貸付け、グリーン貿易、グリーン証券、グリーン保険および生態補償である。

　グリーン貸付け政策は国家環境保護総局、中国人民銀行と銀行監督管理委員会が2007年7月と11月に共同で公布した「環境保護政策法規の実行と貸付けリスクの防止に関する意見」、「高エネルギー消費汚染企業貸付けリスクの防止と抑制に関する通知」および「省エネ排出削減信用供与業務指導意見」の中で具体的に示されている。銀行と金融機関が積極的に環境保護部門と協力して、着実に国の「高汚染高排出」プロジェクトを抑制する産業政策を実行し、この考え方への加入承認条件を守り、そして貸出金プロジェクトの環境に対する影響レベルに基づき分類管理することが要求されている。中国工商銀行は2007年9月に最初に「『グリーン貸付け』創設

---

10) 潘岳「四次環保風暴已成雲烟，環保新政尚有"七剣"」『新聞網』2007年9月17日。また、潘岳「談談環境経済新政策」『学習時報』2007年9月26日参照。

推進に関する意見」を出し、貸付けに関する「環境保護一票否決制度」の新設を提案し、環境保護政策と一致しないプロジェクトに対し貸付金を出さないことや、「地域審査認可制限」および「流域審査認可制限」地域における企業とプロジェクトに対し、制限が解除される前におけるあらゆる形の貸付け決定を一時停止させることとした。また、工商銀行システムが法人客に対し「環境保護情報マーク」制度を導入したが、これは初歩的な得意先環境保護リスクデータベースになった。国家開発銀行は「高汚染高排出」企業への貸付けを厳格に抑えると同時に、「省エネ排出削減専用貸付け」を開設して、水汚染改善プロジェクトや石炭火力発電所二酸化硫黄改善プロジェクトなど8つの分野を重点的に支援し、環境保護貸付額は年率で35.6％増えた。2007年末までに、国家開発銀行の15の支店が支援した環境保護プロジェクトの貸付金は300億元に達した。2007年、国家環境保護総局は中国人民銀行征信管理局に3万余りの企業の環境違法情報を提供し、商業銀行がこれに基づき貸付け停止あるいは貸付け制限措置を取ることになった。中国銀行監督管理委員会は7月、環境影響評価審査認可手続きを履行せず、「三同時」制度を実行せず、基準超過の汚染物質の排出、そして旧型生産技術の使用などの環境違法行為によって、国家環境保護総局に処罰された38の違法企業リストと「流域審査認可制限」された地方および関連する企業リストを各商業銀行に転送したことにより、12の企業が融資申請において現地の金融機関から制限を受けることになった。

　グリーン貿易政策を代表する公文書は2007年7月1日から実施された「財政部、国家税務総局の一部商品輸出税金返還率の引き下げに関する通知」である。2831の商品の輸出税金返還政策に対し新たな基準を実施すると同時に、553の「高エネルギー消費、高汚染、資源性」製品の輸出税返還を取り消し、2268の貿易摩擦を引き起こしやすい商品の輸出税返還率を引き下げ、また、10の商品の輸出税返還を輸出免税政策に修正した。2008年2月26日、国家環境保護総局は第1回の「高汚染、高環境リスク」製品リストとして合計6つの業種の141の製品を公表した。うち「高汚染」製品16種、「高環境リスク」製品63種、「高汚染かつ高環境リスク」でもある製品は62種あった。リストの中の、いまだに輸出税返還を受けてい

る農薬、塗料、電池および有機砒素類など39の製品に対して、国家環境保護総局が財政部、税務総局に輸出税返還の取り消し意見を提出し、それと同時に商務、税関などの機関にこれらの製品の加工貿易を禁止させるという提案も出した。中国は近年、「ロッテルダム条約（国際貿易の対象となる特定の有害な化学物質および駆除剤についての事前のかつ情報に基づく同意の手続きに関するロッテルダム条約：The Rotterdam Convention on the Prior Informed Consent Procedure for Certain Hazardous Chemicals and Pesticides in International Trade（PIC））」、「ストックホルム条約（残留性有機汚染物質に関するストックホルム条約：Stockholm Convention on Persistent Organic Pollutants（POPs））」などの化学物質環境監督管理に関する国際条約を次々と批准したため、グリーン貿易政策の実行は中国国民の健康を守るのに有益なだけでなく、中国貿易の持続的発展を促進するにも有利であり、また責任感を持つ大国のイメージを確立する点でも有益である。

　グリーン証券政策の基礎は、国家環境保護総局が2008年2月に正式に公表した「上場企業環境保護監督管理業務の強化に関する指導意見」である。その意見書は中国証券監督委員会の「重度汚染業種生産経営会社IPO申請申告文書に関する通知」（発行監督管理函2008-6号）と互いに調整して、上場企業環境保護検査制度と環境情報公開制度を中心として、共同で火力発電、鉄鋼、セメント、電解アルミニウム業種および省に跨り経営する「高汚染、高排出」業種（13種の重度汚染業種）の過拡大を抑制し、同時に上場企業の持続的に環境問題に対処する活動を促進する。具体的にいえば、上に述べたような業種の企業は、初上場あるいは2次融資の申請を行うとき、まず国家環境保護総局の規定に基づいた環境保護検査を受けなければならない。そして、環境保護検査意見を取得できなかった場合には、申請が受理されない。国家環境保護総局がこれまでに行った37の企業に対する上場環境保護検査では、10社がそれぞれ環境評価と「三同時」制度に重大な違反をしたり、重大な汚染事件を引き起こしたり、主要汚染物質が安定した基準で排出できない、および検査中に不正をしたなどの問題があったため、上場検査の未了あるいは検査延期の決定が行われ、これ

らの企業が証券マーケットを通じて数百億元余りの資金募集をするのを阻止した。

　環境汚染責任保険制度は主に国家環境保護総局と中国保険監督委員会が2008年2月に共同で公布した「環境汚染責任保険に関する指導意見」に依拠し、国家環境保護総局と中国保険監督委員会は危険品を生産、経営、貯蔵、運送、使用する企業が集中している業種と地域に対しモデル活動を展開し、重点業種の環境リスクの程度に基づく保険加入企業あるいは施設目録と汚染損害賠償基準を設けて、2015年までに、おおよそ環境汚染責任保険制度を完全にし、そのうえ全国レベルで普及させるよう努力する。また、リスクの評価推定、損失の評価推定、責任の認定、事故の処理、資金の賠償支払いなど各メカニズムを健全にするよう努力する。この目標を達成するのには、まだ以下のような多くのことが必要である。①国家および各省市自治区の環境保護法律法規の中で「環境汚染責任保険」条項を追加し、あるいは「環境責任保険」の専門法規を制定すること。②現段階では環境汚染責任保険の保証目的は突発、想定外事故による環境汚染の直接損失を主とすることを明確にすること。③環境保護機関は企業の保険加入目録および損害賠償基準を提出し、そして保険会社により環境責任保険商品を開発し、責任範囲を合理的に確定し、費用の割合を分類整理し、また保険監督管理機関により職業規範を制定して、市場の監督管理を行うこと。④環境保護機関と保険監督管理機関は環境事故踏査および責任認定メカニズム、標準的な保険給付手続きと情報公開制度を制定すること。

　生態補償メカニズムの構築に関する標準的文書は、国家環境保護総局が2007年に打ち出した「生態補償モデルの展開に関する通知」である。生態補償メカニズムというのは、生態システム利用価値、生態保護コスト、発展機会コストに基づき、行政と市場手段を総合的に運用し、生態環境保護の調整および関連する各方面の間の利益関係の構築をするという環境経済政策である。具体的にいえば、重点的に建設しなければならないのは、自然保護区生態補償メカニズム、重要生態機能区生態補償メカニズム、鉱産資源開発の生態補償メカニズム、流域水環境保護の生態補償メカニズムなどである。江蘇省が汚染問題の深刻な太湖流域でモデルワークを行って

いる。行政地域の境界に跨る断面水質と湖に流れ込む断面水質の抑制目標を定め、上流地域の市から出た川の水質が境界断面水質抑制目標を越えた場合、上流地域の市は下流地域の市に資金で補償する。また、上流地域の市から出た川の水質が湖に流入する断面水質抑制目標を越えた場合、規定により省の財政機関に補償資金を払うことになる。これによって、生態補償メカニズムの設立は生態補償責任の主体を明確にすることができるようになるといえるだろう。開発利用者に環境外部コストを負わせ、生態環境回復責任を果たさせ、そして関連する損失を賠償してもらい、環境容量を占用することによる費用を支払わせる。一方、生態保護の利益を受ける側から生態保護者に適当な補償費用を支払ってもらう。これらの措置は経済面において、「開発者による保護、破壊者による回復、受益者による補償、汚染者による費用の支払い」という原則を具体的に示すこととなる。

　以上述べたのは、中国政府が日々深刻になっていく環境問題に対応するため、また環境保全過程中に出現した問題を解決するために提案した、いくつかの政策とその初歩的な実施状況である。無論、これらの新しい措置の中で一部には以前にすでに提出された原則も含まれているが、現在では着実な政策に具体化されてきた。しかし、依然として政策の実行を妨げる要因がまだ完全にはなくなっていないため、利害がますます多元化する時代において、これらの考え方を政策に具体化し、政策を着実に実行することには激しい利害衝突があり、困難に満ちた複雑な過程になるに違いないであろう。

5　結　論

　近年、中国経済が持続的に高成長を遂げているのと同時に、中国の環境問題も拡大してきている。共産党と政府は環境問題の深刻さを十分に認識し、思想理論から政策措置まで一連の新しい主張を提示してきた。中国環境政策と環境保全は新たな段階に入り、以前のように環境保護を基本国策

に引き上げると宣伝するが実際には発展だけを重視するやり方とは違ってきた。しかし、環境政策を徹底的に実施する過程で、業界と地方保護主義による妨害は跡を絶たない。これは中国の改革開放過程で必然的に現れたものだが、解決しなければならない問題である。環境政策の実施と環境状況の改善は各方面の絶えない駆け引きによる結果であろうし、政府の責任を強めると同時に、市場と社会の役割を発揮させることにさらに意を払わなければならない。つまり、中国環境状況の改善は最終的に経済発展およびそれと国家や社会との関係の調整によって決まるといえる。

第4章
社会転換の中の中国環境NGO

はじめに

　環境NGOは中国の環境保護の重要なセクターの1つである。国際学術界における中国の環境NGOに対する研究も増えてきた。基本的に、環境NGOは職団主義構造、社会運動の組織、市民社会構成部分など、3つの異なった概念として定義できる[1]。この3つの分析は、実はすべて西洋先進国の社会転換の中で生まれたものである。社会が物質主義からポスト物質主義まで転換する過程の中で、人々が経済成長の限界を認識した後、自発的に経済社会と政治体制を調整して、生活の質を高めるのを保障するために自分の環境NGOを作り始めたと思われている[2]。中国の環境NGOの誕生の背景は西洋先進国のそれとは異なっており、異なる点について正確に把握しなければ、その誕生、役割、その中に存在する問題と将来性を正しく検証することができない。ここでは、中国環境NGOの出現と発展を、中国の社会転換を背景として研究し、その特徴を分析する。

　本章で言う中国環境NGO（environmental NGOs）は、広く理解されているものとは少し異なる中国独自の特徴を持つ。具体的にいえば、環境保護に従事している社会団体（social organization）のことである。中国では環境NGO等の社会団体の登録を管理するために、民政部が「民間組織管理局」と、これら社会団体を対象としてサービスを提供する「民間組織サービスセンター」を設置している。中国の環境NGOは行政権力を持たず、利益を得る目的ではなく環境保護を意図し社会に環境に関する公益的なサービスを提供する民間組織を指すとされている[3]。中国の社会制度は十分に発展していないにもかかわらず、これらの組織が存在し、ある程度の役割を発揮している。

1　中国環境 NGO の設立と発展

1.1　環境NGOの歴史

　最初の環境NGOとされているのは、1978年5月に政府によって設立され

た「中国環境科学学会」である。以後10年余り、新しい組織はほとんど設立されず、1994年になって「自然の友」が北京で設立された。それ以来、中国では環境NGOが次々と設立され、急速に発展してきた。現在各種の環境NGOは2768組織、職員は22.4万人、そのうち正規職員が6.9万人で非正規職員が15.5万人である[4]。このように中国の環境NGOの発展において1994年が1つの画期になった要因としては、中国が1992年の「環境と開発に関する国連会議」に出席し、「アジェンダ21」に署名したことがある。その中では、環境NGOの環境保護における役割に関して、国家的メカニズムや手続きにNGOを関与させ、教育、貧困の軽減、環境の保護等の分野においてNGOの能力を最大限に活用すること等の必要性が明示された。また、1995年には中国で第4回世界婦人大会が開催された影響により、NGOという言葉が中国で次第に使われるようになった。しかし、これらがすべての要因ではなく、さらに重要なのは中国の社会経済と政治状況がその頃に大きく変化したことである。1978年以前、中国は党の一元的な絶対指導のもとにあり、党と政府が一切をコントロールしており、NGO活動の余地は全く存在しなかった。改革開放以後、中国の政治が徐々に開放され、私営経済は拡大し続け、中国伝統文化の「達則兼済天下（発

---

1) Anna Brettell, "Environmental Non-governmental Organizations in the People's Republic of China: Innocents in a Co-opted Environmental Movement?", *The Journal of Pacific Asia*, Vol. 6, 2000.
2) Peter Ho, "Greening Without Conflict? Environmentalism, NGOs and Civil Society in China", *Development and Change*, Vol. 32, 2001.
3) 中華環保連合会『中国環境非政府組織発展藍皮書』中華環保連合会刊、2006年第5期、参照。
4) 同前。しかし、調査機関により環境NGOに対する範囲は異なっているため具体的な数字には大きな差異がある。中華人民共和国国務院新聞弁公室が2006年6月に発表した『中国的環境保護（1996-2005）』の中では、「中国の現在の環境NGOは1000余り」としている。清華大学の2004年の全国の6省、18都市に対する調査では、全国で環境保護をただ1つの「最重要活動領域」とする核心型環境NGOは約3000としている。もし、それに活動領域として環境保護を含むが、第1の活動領域としていないNGOを含めれば約1万4000となる。これ以外に、商工部門に登録、未登録組織、登録を免れた組織などが100～200ある。「全球緑色資助基金（GGF）」の推計によれば、中国では1000を超える体裁の整ったNGOがある。うち、草の根組織は100、学生社団500、その他が政府のバックを受けた環境NGOである。

達したら天下を救済する）」という思想が再び現れ、環境NGOが出現する。しかし、当時はNGO活動の領域は、ほとんど科学研究と慈善事業領域に限られていた。その第1の理由は、当時の政府にはこれらの領域にサービスを提供する時間あるいは能力がないため、政府以外の民間の力を投入する必要があったことである。第2には、これらの領域の政治リスクが最も少なかったことである。第3には、政府指導層がこれらの団体の研究成果の情報を必要としていたことである。

　1989年にあった政治的混乱（第2次天安門事件――訳注）の後、改革を研究していたNGOは閉鎖されたが、他に政治に関連していない多元的な非政府組織は依然として発展した。当時、環境問題は中国国内で急速に広がっていたが、経済成長を追求する時代では環境問題はあまり重視されなかった。最も強く主張されたのは、中国が発展途上国であること、そして生存権と発展権を有しているということであった。これらの要因によって他の領域ではNGOの発展が盛んである一方、環境保護領域のNGOの始動は困難であった。1991年に中国で登録されたNGOは2000団体余りに達したが、同時期に北京で登録された環境NGOは4団体のみであった[5]ということは、正確ではないにしてもこのような状況を反映している。

　当時の鄧小平国家主席が1992年に「南巡講話」を発表した後、特に1994年以後、中国の改革開放が大きく発展したことに伴って、環境NGOを取り巻く雰囲気も急速に改善された。また、中国の環境問題がますます深刻になり、国民の環境意識も急速に高まっていった。1993年に中国人民大学哲学学部環境問題プロジェクトが行った調査では、「中国の環境問題はすでに生活のレベルに影響を及ぼした」と思う人が63.2%に達したが、解決策として「民衆による環境保護団体を設立することを奨励する」という意見を選んだ人はわずか28.1%であった[6]。さらに、同時期に行われた調査によると、中国の環境汚染と生態破壊の程度が深刻あるいは相当深刻だと思う人が99%、環境汚染によって自分の健康を害する心配がある人が95%であった[7]。中国の環境問題は、構造型、複合型、圧縮型の特徴を現している、美しい庭園を保護するだけではなく、命に関わる問題になった[8]。中国における環境をめぐる紛争の数も猛烈なスピードで増加し

た。推計によると、1991〜1993年の間、国家環境保護総局に届いた申し出は毎年13万件を超えている[9]。2003〜2005年の間、全国各級環境保護部門が環境保護ホットラインを通じて受理した環境汚染についての申し出は114.8万件であった。2001〜2005年の間、全国各級環境保護部門は住民からの手紙253万通以上、住民訪問約43万回以上/59.7万人以上、全国人民代表大会代表提案673件、全国政治協商会議委員提案521件を受理した[10]。同時に、69.5％の住民が環境NGOの活動を認め、支持を示した。

このような状況の中、行政を通じて環境問題を解決する以外に、汚染被害者と支援者および環境保護に関心を持つ人たちは自分たちが作り上げた組織を通じて環境保護と生態建設に取り組むことを望むようになり、環境NGOを設立しようという意識と要求がますます強くなっていった。

1.2 環境NGOの設立の態様

改革開放政策により海外の環境NGOが中国に大きな影響を及ぼした。海外の環境NGOは中国に出先機関を設置し、中国の同じような組織に大量の資金と能力向上のための訓練の機会を提供した。世界中で影響力を持つ環境NGO「世界自然保護基金（WWF）」は、1980年に来中し、1996年には北京で事務所を設置した。その後、次々に西安、成都、ラサ等で7つのプロジェクト事務所を設置して、生物種、森林、淡水、エネルギー、気候変動、環境教育および野生動物貿易など多方面の環境領域で活動を展開してきた。また、「地球環境基金（GEF）」等の国際援助団体は、中国

---

5) 趙秀梅「発展途上環境保護社会団体」清華大学 1993 年修士論文、32 頁。
6) 劉大椿・明日香寿川・金淞ほか『環境問題：従中日比較與合作的観点看』中国人民大学出版社、1995 年、88、90 頁。
7) Robert Bloomquist & Wang Xi, "The Developing Environmental Law and Policy of the People's Republic of China: An Introduction and Appraisal", *The Georgetown International Environmental Law Review*, Vol. 5, No. 25, 1992, p. 32.
8) 中国環境文化促進会『中国公衆環保民生指数：2005 年度報告』2 頁。
9) Susmita Dasgupta & David Wheeler, "'Citizens' Complaints as Environmental Indicators: Evidence from China", Policy Research Working Paper, NIPR, Washington, DC: The World Bank, 1996, p. 3.
10) 前掲『中国的環境保護（1996-2005）』。

の環境NGOに毎年数百万ドルを投入し、支援してきた。こうした国際環境NGOとの交流を通じて中国の環境NGOの参加と成長が促進された。さらに、海外に留学した人が環境NGOに関する概念と組織技術を持ち帰り、環境NGOを設立した。最も顕著な例は、米国留学の廖暁義とドイツ留学の李晧である。廖暁義は留学前に中国社会科学院哲学所で研究に従事し、後に北カロライナ州立大学の国際政治専攻の客員研究員となった。1995年に帰国後に設立した「北京地球村環境文化センター」（以下、「北京地球村」）は大衆の環境文化を通じ、中国の持続可能な発展を後押しした。彼女の卓越した業務と貢献により、北京地球村は2000年度に「ソフィー賞」、2001年に「オーストラリアバンクシア環境賞」などを受賞している。北京地球村は国際社会とマスコミに広く注目され、2001年には国連環境部門からの要請により中国NGOの情報連絡ステーションとなった。

李晧は留学前に中国科学院生物研究所に勤務し、1994年にハノーバー大学自然科学博士学位を取得した。帰国後彼女は、医療従事者であれ普通の住民であれ環境意識が欠けていることを発見して辞職し、大衆に環境面の知識を普及させるボランティアに参加した。後に「北京地球縦観教育研究センター」（以下、「北京縦観」）を設立、環境教育資料を提供し、大衆の環境意識の高まりを促した。北京縦観は2001年度の「フォード自動車環境保護賞」を受賞した。

また、「大学生グリーン組織」の唐錫陽が環境保護の道を歩くこととなったのは、1980年に彼が編集した『大自然』と関係しているのであるが、1982年から米国の環境ボランティア・マーシャの影響を受けたことによる。彼らは結婚してこの組織を共同で設立した。婚姻は中国と西洋の環境文化交流と相互の影響の1つの素晴らしい象徴であった。

一方、世界の多くの大手基金からの援助および資金提供においては、NGOの参加を求める国際環境会議、国際環境援助プロジェクトがあり、それらに対応できるように中国政府の関連部門によって「半官半民」の環境NGOが設立されるようになった。例えば、NGOの「米中関係全国委員会」が「ウスリー江流域土地利用計画プロジェクト」を設立したように、中国政府は相応のNGOを設立することを望んだ。当然これらの組織が招

聘した専門家は以前の政府職員であったが、米国の要求を満足させるものであった。中国・米国・ロシア3国の自然科学、社会科学、公共政策の専門家から組織されており、2000万ヘクタールのウスリー江流域における持続可能な発展のプロジェクトチームが作られた[11]。このような環境NGO組織のことを「見かけだけの組織」と呼ぶ外国の学者もいるが、正確ではないと思う。このようなNGO組織は実際に政府に主導されているが、国際環境NGO組織の関連ルールを遵守しており、中国の特色ある環境NGOだと筆者は考えている。

　さらに、1990年代後半以降の社会経済と政治の発展は、環境NGOにその発展の基盤を提供した。改革開放に伴って中国の社会構成は大きく変化してきており、下層がやや多い従前の構成から中間層が多い構成に急速に転換したことで、資本家と無産者の間に介在する層が急速に増加してきている。政治的には、彼らは社会矛盾の緩衝地帯であり、思想から見ると、わりに中立的、保守的な思想を守る人である。社会安定から見ると、主な消費集団と既成秩序の擁護者である。彼らは中間に位置しているからこそ、政府の失敗と市場の失敗の両方からの影響も受けている。

　このため彼らは自ら様々な団体を創って自分たちの意思を表し、合法的に権益を守ろうとするのである。また、資本家と違って私有財産を持たないため、いつでも社会の最下層に落ちて無産者になる可能性がある。さらに、彼らのほとんどは高等教育を受けたことがあるため、比較的強い社会的責任感を持っている。このため、社会弱者集団に自然な同情心がある。積極的に彼らに代わっていえば、彼らが設立したのはほとんど社会公益的な非営利組織である。環境汚染、エネルギーの無駄な使用など各種の問題の頻発につれて、この社会階層を中心とした環境NGOは必ず大量に現れていく。彼らは各種の社会資源を動員して、環境保護の重任を負い、ますます重要な役割を果たしている。

　経済改革は私営企業の発展を促進するため、企業家は自由に自分の合法的な収入を支配することができる。環境保護意識を持っている企業家は理

---

11) National Committee on U.S.-China Relations, *Annual Report, 1995*, p. 14.

念に合う環境NGOに寄付するとか、あるいは自分で環境保護NGO組織を作ることが可能である。

例えば、国内で初めて100名近い経営者によって創立された生態環境保護組織「アラシャンSEE生態協会」がある。2004年6月、67名の経営者たちはそれぞれ毎年10万元を10年間にわたり拠出して、協会の公益基金とし、黄砂の制御および黄砂地区の生態修復に使用することを宣言した。現在、アラシャン生態協会はアラシャンで16のプロジェクトを実施し、4つの活動方針を決定している。第1に、家畜の数を減らし飼料と家畜のバランスを保ち、自然本来の植生の過度の消耗と破壊を減少させ、自然を回復させることである。第2に、地下水と水資源の浪費を減らし、節水経済を発展させ、地表の植生と生態環境を保全することである。第3に、適当な地域で植物を植え、植生の被覆率を増加させることである。第4には、地元の住民を援助し、育成品種を選択し、生産率と経済収入を増加させることである。

重要なことは、私営企業の発展によって、人々が国営企業に頼る必要がなくなり、職業を選択する自由度が大幅に増えたことである。このことは一部の環境保護意識を持つ人々がボランティアになること、あるいは自分で環境NGOを創立することができるということを意味する。2005年の末までに、中国の環境NGOの従事者は22.4万人に達した。それに、政府がすべての社会サービスを提供することは困難であり、環境NGOは政治に触れない環境保護領域であれば政府の「同盟軍」として、コントロールできる範囲内で発展することができるようになった。

コントロールできる範囲内で政府のために利用すると同時に、NGO組織との争いや政治的問題への介入などは避けなければならない。そして、両方とも環境保護において目標と利益が一致したため、環境政策を決める主な管理部門であるが力の弱い国家環境保護総局にとっては、環境NGOの力を借りてほかの政府部門を有効に監督、制約するのはありがたいことである。

しかし、環境NGOの活動範囲は厳しく制限されたため、現在では主に環境教育に重点を置いて、民衆と青少年の環境意識を育成し、植林を呼び

かけ、環境にやさしい生活様式に導くこと、さらに環境保護法に違反する行為を指摘すること等を行っている。

2 中国環境 NGO の現状と役割

中国の環境NGOは社会転換の独特の環境の中で出現し発展してきたため、西側先進国の環境NGOと比べると、独自の特徴を持ち独特な役割を発揮している。

2.1 中国環境NGO組織の政府との関わり

中国の環境NGOは政府に対する依存度により、広義と狭義の2つのタイプに分けられる。狭義のタイプの環境NGOは、政府に登録するものの政府には全く依存せず、完全に民間人によって運営され、環境保護活動を行う組織のことであり、「自然の友」、「北京地球村」のような非営利方式で環境保護活動を行う組織である。

広義のタイプの環境NGOには、狭義の環境NGOを含め4つの類型がある。まず、政府が立ち上げた環境NGO（GONGOs）がある。主に、政府のプロジェクトと政策に協力、支持する組織であり、「中華環境保護連合会」、「中華環境保護基金会」、「中国環境文化促進会」、そして中国環境科学学会、環境保護産業協会、野生動物保護協会等である。このような組織は資金や情報を入手しやすい一方、政府を批判する能力には限界があり、しかも政府から依頼された任務を断ることは特別な理由がない限り困難である。また、第2のタイプの環境NGOとしては大学内部で登録された学生の環境保護団体がある。彼らは政府とは直接の関係がなく、プロジェクトは教授と学生により執行され、資金は内外の各種機関から調達している。もう1つは国際環境NGOの在中機関である。

2005年末には、各種の環境NGOは2768組織あり、その中で政府によって設立されたものは1382組織で全体の49.9%を占めている。また、民間が自主的に設立したのは202組織で7.3%、学生環境保護団体および連合体は

1116組織で40.3％、国際環境NGOの在中国機関は68組織で2.5％である。

現行法制度の枠組み内の登記類型から見ると、中国の環境NGOは社会団体、民弁非企業と基金会の3種類に分けられる。「社会団体登記管理条例」では、これらの民間組織は、所属する業務主管機関の審査と同意を得ること、50人以上の個人会員あるいは30人以上の機関会員を持つこと、全国的な社会団体は10万元以上の活動資金を持つこと、という条件が揃えば民政部門で登記できると規定されている。現行法規の制限が厳しすぎるため、中国の環境NGOが正式に民政部門で登録した割合は低く、23.3％のみであった。組織の中には商工登記の方式またはその他の変則的な方式で合法的な身分を獲得しているものもある。機関内部で登録され（学生環境保護団体は学校で登録する）、または商工業で民間運営の民弁非企業として登録された組織は63.9％を占めており、一部の環境NGOは登録手続きをせず、法律上は違法な組織となっている。

2.2 中国環境NGOの財政基盤および職員構成等

中国の環境NGO組織は資金は少ないがスタッフの素質はよく、献身的である。正規職員は平均約25人であり、約30％の組織には正規職員が全くおらず組織は小規模である。環境NGOの資金は主に会費収入で、次いで組織会員と企業からの寄付、そして政府および所属機関からの出資によっており、76.1％の環境NGOは安定した資金の出所がない。さらに、国際環境保護組織の在中機関のうち45.5％の組織と、政府によって設立された環境NGOのうち32.9％の組織は比較的安定した資金の出所を持っているものの、民間の自主的な組織と学生環境保護団体の中で安定した資金の出所があるのは20％前後に過ぎない。2005年には、全国2768組織の環境NGOは合計29.77億元の資金を集めたが、22.5％の組織は資金を集めることができず、81.5％の組織は資金が5万元以下であった。

中国環境NGOは組織として若々しい上に、スタッフもほとんど高学歴で、環境保護事業を愛する若者を主なメンバーをしている。22.4万人の環境NGOのスタッフのうち、30歳以下の職員が80％前後を占めており、70％の組織の責任者は40歳以下である。また、大卒以上の学歴を持つ人が

50%、海外での留学経験を持つ人が13.7%、環境NGOの責任者では大卒以上の学歴を持つ人が90.7%を占めている。95%以上のスタッフは生活のためではなく環境を保護するために環境NGOの仕事を選んだ。学生環境保護団体（学生環境保護社団のスタッフは通常給料と社会保障なし）を除けば、環境NGOの正規職員で平均月給が2000元を超える人は12.2%に過ぎず、43.9%の組織の正規職員は無報酬である。半分を超える環境NGOの正規職員（56.3%）は何の社会保障もないのである。したがって、中国環境NGOは、主に比較的経済が発達しており住民の生活レベルが比較的高い北京、天津、上海、重慶および東部沿岸地区、次いで湖南、湖北、四川、雲南など生態資源が豊かな省に集中的に分布しており、他の地区には比較的少ない。

2.3　環境NGO活動とマスコミ・政府との関係

　中国の環境NGOには海外のNGOとは異なるもう1つの重要な特徴がある。それはメディアを通じてたくみに環境汚染事件と生態破壊事件を明るみに出し、政府の責任を分担していることである。ほとんどの中国の環境NGOはメディアと良好な関係を保ち、常にメディアにより影響力を拡大した上で公衆の支持を得ている。24.4%の環境NGOはたまに企業利益と衝突することがあるが、双方の衝突が起こるときに、68.6%の環境NGOは通常政府に報告し、40.0%は直接企業と協議し談判している。訴訟などの法的手続きあるいは集会、抗議などを行う場合はきわめて少ない。これは、中国の環境NGOは通常1つの特別な思想あるいは行動規律を持っており、国のために憂慮を分かち合い、政府の責任を分担する義務があると考え、積極的に政府のプロジェクトを担当しようとするためである。清華大学NGO研究所の2004年の調査データによると、中国の環境NGOの中で、「民間組織は政府の責任を分担する義務がある」という考え方に賛成、または比較的賛成とするのはそれぞれ63.0%と21.7%を占め、民間組織全体の数値を上回り多数に上っていることが注目される。かつて政府のためにプロジェクトを担当したことがある組織と担当することを希望する組織は9割を占め、海外の同じ分野の組織が常に政府と緊張関係を持つような状

況とは異なっている。95％以上の環境NGOは「手伝うが面倒をかけない、参加するが干渉しない、監督するが代わりをしない、仕事をするが法律に違反しない」という原則に従って、政府との協力の中で問題を解決することを探求している。そのうち、64.6％の環境NGOは政府との協力を選択し、32.1％は協力も対抗もしないを選択し、矛盾があると思うのは3.3％しかない。中国の環境NGOと政府の関係についての特徴は西洋の関係と異なっているし、人々の通常考える環境NGOのイメージとも異なっている。

3　中国環境 NGO の活動と役割

環境NGOは中国の環境保護事業の中で重要な役割を果たした。彼らは自分の能力に相応する範囲の中で一連の環境保護公益活動を展開した。主な活動としては、教育と宣伝を通じて公衆の環境保護意識と行動に影響を及ぼし、環境に配慮した生活を提唱し普及させた。また、各種の環境保護活動を展開した。さらに、環境汚染被害者を支援し、汚染企業を抑制し、地方政府を監督し、政策に影響を与えた。

3.1　グリーン生態文明建設のための宣伝活動

第1に、教育宣伝を通じて公衆の環境意識を高め、グリーン生態文明の建設促進に努めている。環境NGOは環境保護公益活動を通じて、書籍を出版し、宣伝資料を配布し、講座や育成セミナーを開催し、マスコミによる宣伝強化等の手段で環境宣伝教育を行っている。また、公衆と企業の環境保護意識と行動に影響を及ぼし、全社会共同参加のグリーン生活様式と生産方式の新しい理念の形成を促進し、多レベル、多次元、全方位的なグリーン精神文明と社会文化の形成を探求している。「自然の友」は、2000年に中国で最初の環境教育巡回宣伝車「カモシカ号」を始めた。以後数年にわたり「カモシカ号」は200以上の学校へ行き、2万名余りの小中学生たちとともに自然と触れ合い、環境に関心を持つよう運動している。近年、ボランティアを集めて環境活動を行い、公衆が実際の行動で環境保護に参

加することを提唱することが、環境NGOが宣伝教育を行う場合の重点となった。

3.2 直接的な環境保護活動

第2に、NGO自身の具体的な行動で環境を保護することであり、生物の多様性の保護は環境NGOの最も直接的な行動分野である。社会の転換期、政府改革と市場経済の発展過程では、各種環境破壊、資源の浪費、野生動物捕殺などの行為が目につく。これらの生態破壊行為に対して、環境NGOは国家利益と公共利益の名のもとに、鋭く対立的な環境保護行為や社会動員を通じて積極的に関与している。「放鳥、植樹、ゴミ拾い」は中国の環境NGOの日常的な活動である。

1995年、「自然の友」は「雲南キンシコウ」の保護に取り組み、関連する情報をただちに国務院に報告し、さらにマスコミに呼びかけた。このことにより、「雲南キンシコウ」の危機が詳細で幅広く、しかも長期間にわたり報道された。2002年には、「グリーン・ネットワーク」は北京の湿地帯で計画されたゴルフ場開発計画を阻止することによって、北京平原地区唯一の湿地を保護した。2004年9月には、円明園湖底浸透防止工事の開始の際、北京に出張していた蘭州大学生命科学院教授・張正春はたまたま視察し、マスコミおよび環境NGOと連携して反対意見を出し、国家環境保護総局が中国初の環境影響評価のための公聴会を行った。「自然の友」、「北京縦観」、「北京地球村」等の環境NGOは国家環境保護総局主催の公聴会において発言し、工事の改善を提起した。最終的には工事を止め、水面を回復させた。2005年1月21日、56の環境NGOのホームページと『北京青年報』、『新京報』等20社余りの主流マスコミが続々と「自然の友」、「北京地球村」、「中国政法大学汚染被害者法律支援センター」、「緑島」、「北京天下渓教育研究所」、「緑色北京」、「緑網」等によって出された声援文書を掲載することによって、国家環境保護総局が金沙江渓洛渡水力発電所等30の環境法規への重大な違反となっている大型建設プロジェクトを中止させようとする措置を支持して、整備改善または建設の一時中止といった措置を取らせることに役割を果たした。

3.3　法律上の支援活動

　第3に、環境NGOは弱者集団に関心を持ち、社会公衆の環境事情を知る権利、参画する権利、監督する権利と使用する権利等の法律に与えられた基本的な環境権益を守ることに役割を果たしている。環境保護意識が比較的弱い現状で、環境破壊は人と自然の矛盾を激化したのみならず、様々な環境問題を通じて、社会に危害を加え多くの被害者を出したのである。環境NGOは汚染された自然と被害者の立場から、専門知識を利用して、被害者の権益を保護し、矛盾を緩和しようとしている。

　1999年11月1日、中国政法大学汚染被害者法律支援センターが汚染被害者法律情報提供電話窓口を開設して、無料で汚染被害者に法律相談・支援サービスを提供することとした。開設以来、1万名余りの汚染被害者に法律相談・支援サービスを提供し、50件余りの環境汚染事件の被害者を支援し、裁判あるいは行政の手段で問題を解決した。2005年には、同センターは「福建省屏南県1721名農民告訴福建省榕屏化学工業有限公司環境汚染権利侵害案」の告訴を支持し、勝訴に導き、地元住民は68万元余りの経済損失を取り戻した。この案件は2005年の中国の影響力のあった訴訟トップ10に入った。トップ10のうち唯一の環境訴訟事案であった。

3.4　環境政策へ影響を与える活動

　第4に、NGO自身の宣伝と行動で国家の環境政策に影響を与えることである。環境問題は住民に共有の問題であり、環境NGOは幅広い民意を基礎とし公衆参加を得る体制を整え、加えて公益性、専門性を有するなどの特徴を持っている。そして、環境NGOが行ってきた活動は社会公衆から全面的な支持が得られやすいため、政府側は政策の遂行にあたり、彼らの提案を尊重しその行動を注視せざるを得ない。2003年8月26日、国家発展改革委員会は北京で「怒江中下流水力発電規劃報告」審査会を開き、中国最後の2本の原生生態川の1つ、怒江の中下流に2つの十三級のダム建設計画を採択した。この工事の規模は三峡ダム工事よりも大きく、発電量は年間1029.6億キロワット時、三峡ダムの1.215倍になる見込みであった。ニュースが伝わってから、「グリーン郷里ボランティア」、「雲南大衆流域」、

「自然の友」等の多くの環境NGOは「怒江防護戦」に加わった。それらはマスコミとインターネットを通じて、講座や論壇の形式で積極的に公衆に怒江ダムの状況を伝えて幅広い社会の関心を集めた。2003年11月末には、タイで開催された「世界河川と人民の反ダム」会議において、参加した「緑家園」、「自然の友」、「緑島」、「雲南大衆流域」などの中国民間環境保護組織は、怒江保護を宣伝するため会場で遊説して、60カ国のNGO組織が大会名義で連合署名を取得した。この連合署名は国連教育科学文化機関（UNESCO）に提出され、国連教育科学文化機関は「怒江に関心を持っている」と返信している。

　これと同時に国家環境保護総局が北京と昆明で2回の専門家座談会を開いた際には、雲南の専門家を中心とするダム建設賛成派と北京の専門家を中心とする反対派の間に激しい対立があったが、環境NGOの努力により対立が緩和された。そして、2004年2月、温家宝総理は「怒江中下流水力発電規劃報告」に直筆で「このような社会的に高い注目を集め、また環境保護側に異なる意見がある大型水力発電工事に対しては、慎重な研究を重ね、科学的な方策を取るべきである」と指示し、最終的にはこの工事は棚上げにされた。この事件は、社会組織の活動と声が中央政府の方策に影響を与えた実例となった。

　また、環境NGOの「中華環境保護連合会」が行った国家「第11次5カ年計画環境保護規劃」意見応募活動では、最終的な調査研究報告の大部分が正式な規劃の中に取り入れられた。その組織の統計によれば、412万人以上の公衆がこの活動に参加した。最終的な調査報告は組織自らのルートを通じて、中央政府の上部まで到達し、積極的な反応を取得した。調査を受けた412万名の人々の中で「第11次5カ年計画」期間中にGDP中の環境保護投資の割合を「10次5カ年計画」期間中の1.3％より増やすべきであるとした人が96.5％にも達し、うち24.7％の人々は大幅に増やすべきであるとした。後に、このNGO組織が開いた研究討論会議で、国家環境保護総局長が政府として初めて「第11次5カ年計画」期間中に環境保護投資を1兆3750億元に増やす予定であると発表し、NGO組織が政府に対して役割を発揮したもう1つの典型的な事例となった。現在、多くの環境NGOが認識

し始めたのは、自分たちの活動は政策の改善に役立たなければいけないということである。公衆参加を提唱する「緑色流域」の創立者・曉剛は、もし環境NGOがプロジェクトと提唱している理念を結び付けて政策決定と体制の転換を引き出せなければ、普通のサービス機関に過ぎず、存在の意義もなくしてしまうと考えている[12]。

3.5　国際交流・協力活動

　第5に、幅広い国際交流と協力を展開し、中国の住民の声を伝えることである。2002年8月26日、南アフリカのヨハネスブルグで開催された「持続可能な開発に関する世界首脳会議（WSSD）」で、中国環境NGOは国際機関の支援により発言・主張の機会を得た。その中で、北京地球村国際交流責任者・趙立建は「我々の声は弱いかもしれないが、我々の後ろには13億人がいるため世界は耳を傾けている。我々は上手く話せないかもしれないが、伝えた情報は膨大であり誰も軽視できない」と述べた。中国環境NGOの参加を組織する廖暁義は、今回の活動の意義を総括する際に次のように語っている――中国の民間組織が国連の会議で発言するのは今回が初めてである、中国の歴史上も初めてである。参加ということは中国における住民社会の発展を証明し、住民社会の発展は中国の社会進歩の1つの象徴である[13]、と。

　また、1999年9月には、中国国際民間組織の主催するシンポジウムがアメリカのワシントンで開催され、その後毎年1回開かれている。2002年10月には、「地球環境基金（GEF）」第2回加盟国会議が北京で開催され、中国の環境NGOは国際組織と同朋関係になり、ともに地球環境問題に対応するようになった。このことは中国の環境NGOが急速に世界の環境NGOに仲間入りし、彼らの関心分野も地球環境問題に広がっていることを意味している。

4　環境NGOと環境友好型・調和社会の建設

4.1　国家環境政策の中でのNGOの役割

　中国は1人当たりの収入が1000ドルを突破した以降、矛盾多発期に入った。中国政府はこの厳しい情勢に対応するため、科学的発展観と友好型・調和社会の建設という壮大なる計画を打ち出した。2005年、胡錦濤国家主席は「経済社会の全面調和による持続可能な発展を実現させ、資源節約型、環境友好型社会を建設するよう努力すべきである」と指示した。環境友好型社会とは、資源環境の有限性、自然法則を基礎とし、持続可能な社会経済文化政策を手段として、人と自然、人と人の調和のとれた社会形態を主導することである。中国についていえば、環境友好型社会の基本目標は、低資源消費型生産体系、適正消費の生活体系、循環資源体系、安定・高効率な経済体系、絶えず刷新する技術体系、開放的で秩序ある貿易金融体系、社会的公平分配重視体系、進歩社会を拓く社会民主主義体系を建設することである[14]。社会主義調和社会とは、胡錦濤国家主席によれば「民主法治、公平正義、誠信友愛、活力充満、安定秩序で人と自然が融和した社会」ということである。環境友好型社会の目標は調和社会の内在要求と一致し、環境友好型社会は社会主義調和社会の重要な基礎であり、社会主義調和社会を建設する起点となるものである。環境友好型社会がなければ調和型社会を建設することはできない。

　また、環境友好型社会の建設には公衆の参加が不可欠で、環境NGOは環境保護において公衆の参加を促進する上で重要な役割を発揮することが期待される。環境NGOは政府と公衆の間を仲介することができるため、調和型社会の実現には政府と環境NGOの協働が必要となるのである。

12）付濤「中国環境民間組織的発展」梁従誠主編『中国的環境危局與突囲』社会科学文献出版社、2006年、240頁。
13）陳琨・廖曉義ほか「中国NGO在世界可持続発展首脳会」汪永晨・熊志紅主編『緑色記者沙龍』中国環境科学出版社、2005年、136頁。
14）潘岳「和諧社会與環境友好型社会」『緑葉』2006年第7期、8-20頁。

中間階級の考え方が合理的に発表、実現できればNGOは社会安定の重要な基礎になるが、合理的に導かれなければ、逆に社会を揺るがす勢力になる可能性がある。したがって、積極的に条件を整え環境NGOの力を発揮させることは、環境保護の推進に有利であるのみならず、調和型社会の建設を進めることとなる。

　近年、中国で制定された一連の法律と政策は時代の潮流に合致しており、環境保護に公衆が参加することを積極的に推進しようとしている。2003年9月1日に施行された「中華人民共和国環境影響評価法」によると、「国は関係機関、専門家および公衆が適切な形で環境影響評価に参加することを奨励する」、「専門規劃を制定する機関は、環境に悪影響をもたらし直接に公衆の環境権益に関わる可能性のある計画に対して、規劃草案を審査に供する前に、論証会、公聴会またはその他の形式で関係機関、専門家、公衆から環境影響報告書案に対する意見を求めるものとする」とされている。これによって、中国国民の環境情報を知る権利、政策決定に参画する権利、環境政策を監督する権利などの環境権益が、初めて国家の法律に規定され、法律によって守られることとなった。しかし、参加の具体的な条件、方式、手続きについては詳細で明確な規定を欠いている[15]。2005年11月に出された「科学的発展観を着実にし環境保護を強化することに関する国務院決定」では、「社会的な団体が役割を発揮し、各環境違法行為に対する摘発を奨励し、環境公益訴訟を推進する」、「公衆の環境権益に関わる発展規劃と建設プロジェクトに対し、公聴会、論証会あるいは情報公開等の方法を通じて、公衆の意見を聴取し、社会的監督を強化する」とさらに規定された。2006年3月18日には、環境影響評価手続き中の公衆参加を推進するため、国家環境保護総局は「環境影響評価法」、「行政許可法」、「全面推進依法行政実施綱要」、「科学的発展観を着実にし環境保護を強化することに関する国務院決定」などの法律と法規性文書の中における環境情報公開と社会監督強化の規定に基づき、「環境影響評価公衆参与暫行弁法」（以下、「暫行弁法」）を制定した。同弁法は中国環境保護領域における初めての公衆参加に関する規範文書であり、公開、平等、広範および便益の4原則に従って、公衆、建設機関と環境保護機関の3者の権利と義務を明確に

し、公衆の意見の調査、専門家意見の諮問、座談会、論証会、公聴会の5つの公衆参加の具体的な方法を規定して、建設機関が審査のための環境影響評価報告書に公衆意見を採用するかどうかの説明を記入することが明確に求められた。

「暫行弁法」の実施は、一層具体的な制度と実施可能な手続きでもって、公衆が環境事務に参加し、公衆の環境権益を保障し、環境政策の民主化を強化し、公衆参加不足のために引き起こされる環境紛争の頻発、引いては集団行動事件を予防することになる。専門家の中には、中国の環境保護民間組織の数とスタッフは、毎年10～15％の速度で増加し、大学、社区と農村地域の組織も急速に発展していると楽観的な予測をする者もいる[16]。

4.2　環境NGOと民政部との軋轢

実際には、中国環境NGOの発展は社会の転換期の特徴を反映したものであり、政策の不備によるものである。環境保護部門は環境NGO活動を積極的に推進する一方、民政部は社会団体の登録の条件を改訂していない。したがって、社会と環境保護機関は環境保護NGOの有効な参画を期待してはいるが、民政部はなかなか登録させないという局面に陥っている。その原因としては、第1に経済成長を優先する戦略から科学的発展観を実現する転換過程で、政治制度に関わる改革が専門技術部門の改革に比して遅れていることがある。第2に、一部の政府官僚は調和型社会について、依然として守旧の認識にとどまっており、環境NGOを放任すれば政府に対抗する勢力になり、社会の安定に影響を与えると心配していることがある。第3に、環境保護部門でさえも環境NGOが規定の範囲内で、コントロールできる程度に作用を発揮することを希望している。例を挙げれば、「2006年中華環境保護持続的発展大会」で、国家環境保護総局副局長が総局を代表して、環境NGOが政府の補完的相談相手、政府と公衆・国内と国際の

15）潘岳「環境保護與公衆参与」潘岳主編『緑色中国：体制・文化巻』中国環境科学出版社、2006年、57頁。
16）「環保総局：環保民間組織應発揮更大作用」『北京青年報』2006年10月29日。

架け橋、環境保護勢力の団結と結集、監督と権益保護の方面でより大きな作用を発揮することを求めた。簡潔にいえば、NGOに「権力範囲を越えない、監督の代理をしない、参加に干渉しない、違法な事務をしない、手伝うが邪魔をしない」ことを自覚させた。第4に、中央アジアに発生した「色彩革命」の中でNGOの態度は中国の一部政治家に非常に心配をさせることとなった。「NGOの活動はロシアと独立国家共同体（CIS）国家において、実際に合法政府を転覆する闘争になった」という認識をする人もいた[17]。彼らはNGO組織が政治化することを非常に心配し、登録と年度審査の際にこれに歯止めをかけることを希望している。したがって、中国環境NGOは社会転換期において、発展の機会とともに挑戦にも遭遇しているといえる。

4.3　体制内でのNGO活動の事例

　政府部門の支持によって創立された環境NGOが強い影響力を発揮した事例がある。「中華環境保護連合会」は2005年4月に創立され、主に環境保護と関係のある部門の定年退職した指導者たちからなり、国家環境保護総局に属する組織である。連合会の資料によれば、このNGOが設立されたときは2人の国務院副総理の直接の審査承認があった。「理事306人、常務理事101人、元部級・副部級以上の者は106名」、「元国務委員、全国政協副主席・宋健が主席」を務め、副主席は、全国人民代表大会環境資源委員会、全国政協環境資源委員会、農業部、水利部、国土資源部、建設部、国家環境保護総局、国家林業局、解放軍の指導者、および団体・企業の知名人、社会的知名人からなっている。目標としては、「環境権益を守ることを業務の主柱として、国家環境法制度の整備を推進する。中央と国務院の政策決定に意見を提出する。社会に認知された『大中華、大連合、大環境』の新しい理念を主張する。政府、社会と国民を結集し、政府に協力しかつこれを監督し、国家の環境保護目標を実現させる」こと、さらに「国家環境保護総局にさえできない一部の仕事を一層高い段階に推進する」こととしている。

　具体的には、国家環境保護総局は生態保護活動を展開したいものの、現

在の職務の中にはこれに関する規定がなく国家林業局と水利部によって行われている。国家環境保護総局が水利部淮河委員会の越権について質疑をしたのは、この種の問題に属している。国家環境保護総局は中央政府の公布した2つの関連文書を挙げ、文書に「統一管理」の行政職能を有することが規定されていることを強調するが、水利部の対応にも法律法規の根拠がある。すなわち、「法律に従って職責を果たしており誤りはない」と主張した。このような矛盾には、現行体制の下では1つの部門で統一して対処することがきわめて難しいという問題がある。しかし、「中華環境保護連合会」の指導構造ではすべての部門において環境問題を議論するので、各部門の縦割りの制限を受けることがなく現行体制下の部門分割の制限を避けられ、政府ができない役割を果たすことができるのである。言うまでもなく、このような組織は草の根環境NGOではないが、中国社会転換過程中に現れた政府と公衆および市場経済企業との橋渡しをする有力な民間組織である。

　興味深いのは、たくさんの草の根環境NGOのリーダーも個人の身分でこの組織の指導層に加入していることである。「自然の友」の梁从誡などは全国政協常務委員になって、完全に体制に組み込まれている。このことは中国の現在の政治体制下では、完全な草の根という点での環境NGOが大量に現れるのを期待するのはまだ現実的ではないことを証明している。しかし、中央政府および環境保護行政主管機関と環境NGO組織の環境保護における目標は完全に一致しており、互いに支持し合うことができる。なぜなら中国共産党と中央政府は最も広範な人民の利益を代表しているからである。彼らは連携して利潤と経済成長だけを追求する企業と地方政府に対処することができる。中国の調和型社会建設の急速な発展に伴い、中国政府主導の環境NGOの数が増え、彼らが関心を持つ問題も増え深まっていくと予見できる。完全な草の根の環境NGOも発展するが、政府のコントロールできる範囲の中で活動しなければならないであろう。

---

17) 姜辛「分析非政府組織在独連体国家顔色革命中的角色」『新民週刊』2005年6月22日。

4.4　今後のNGO活動のあり方

　この現象から、中国の草の根環境NGOの能力は国際的に同じ分野のNGOと比べるとまだ相当な距離があることがわかる。人材育成は彼らが自分の影響力を高めるときに正視しなければならない問題である。中国の草の根環境NGOは主にリーダーの強い信念、個人的魅力や渉外能力により維持されている。合理的にますます複雑で、多くなった環境問題に対応するためには、組織管理の規範化、プロジェクトの設置および運営の専門化、資源調達の制度化の分野で急速に改善がなされなければならない。

　まず、中国の草の根環境NGOは自らの政策手続きに関するシステムを改善し、全員が認める制度の制限のもとで厳しくグループの民主方策を執行し、個人の独断や随意的に政策を決めることを避けなければならない。仮に環境NGO組織自体の管理が民主化されなければ、彼らに中国住民社会の建設を推進することを期待することも不可能になろう。どうして上位下達の改革がモデルとなることができるであろう。次に、中国の草の根環境NGOは自身の専門化と科学化の能力を向上し、類似化の傾向を変えなければならない。すべての環境NGOは自身の特徴と重点を持つべきであり、一律であってはならない。各自が重点を持つことができれば、「社会団体登記管理条例」中の「同じ行政区において事業範囲が同じまたは類似している社会団体があれば、新しい組織を成立する必要がない」という束縛を有効に避けることができる。また、環境問題は互いにつながりがあるが、専門性と緻密さもあるため、十分な専門的人材と知識がなければ、問題の本質に辿り着くことが非常に難しく、本当の意味で被害者の利益を守ることもできず、根本的に環境の状況を改善することもできない。第3に、中国の草の根環境NGOは資源調達の能力が向上してこそ、有効に仕事を進めることができる。環境NGOは公衆に依拠し、非営利性の公益活動に従事する組織である。より多くの公衆の参加と多額の経費の調達ができなければ、活動が必ず大きな制約を受けることとなる。中国においては、体制が原因となって、これら組織の資源はかなり限られており、競争はきわめて激しくなっている。そのため政府主導の環境NGOに接近することを通じて政府からいくらかの資源を獲得する草の根環境NGO組織が多

い。調和型社会の建設過程においては政府が収入分配と財産の蓄積および相続政策を調整することが可能であるため、専門化のレベルを高める前提で、環境NGOは将来ずっと多くの社会資源を獲得することができるであろう。要するに、自身の能力を高めてこそ、政府が関連政策を改善、変更することに対して圧力を加えることができ、中国の環境保護事業の中で重要な、不可欠な勢力になることができる。もちろん、この目標に到達するにはまだ非常に遠い道を歩まなければならない。

5　結　論

　中国の社会転換の過程において、環境NGOは理論上、環境友好型社会と調和型社会を建設する重要な勢力になるべきであるが、絶対に先進工業国のような組織にはならないであろう。
　香港環境NGOの変化は、少なくとも我々が中国大陸の環境NGOの発展趨勢を認識する際に啓発的意義がある。「香港の環境NGO組織はかつて政府の監督者、監視者、圧力集団という姿で現れたが、現在は具体的な問題の解決者、政府および公衆の相談者という役割を多く果たしている……政府とのこの新たな関係は政府に圧力をかけないことを意味するわけではない、彼らは法律手段を通じて政府に政策の調整と改善を行わせる。」このような変化が起こったのは、香港政府が政治改革を進めたことに重要なポイントがある。環境NGOに対して政治空間をオープンにし、彼らを政府の諮問会議に組み入れ、常に彼らの政策提案を受け入れた。これによって彼らを対抗型の周辺組織から「法律に従って行動し、共通の認識を求める」ような「政治主流の役割」に変更させた[18]。香港のモデルは安定の中で調和型社会を建設することに期待を持っている中国政府と環境NGOに模範を示した。言い換えれば、一定程度未来の発展方向を明示したので

18）葉広濤「変化的香港環保 NGO 運作方式」『中国大陸、香港及台湾民間環保組織和環保記者論壇論文集』威爾遜国際学者中心、2001 年、11-12 頁。

ある。

　要するに、中国環境NGOの発展は改革開放に密接に関わっているものであり、社会転換が環境NGOの出現に社会的な存在基盤を提供したのである。しかし、中国の社会転換は西側先進工業国のものとは異なり、物質主義からポスト物質主義に変化していくものである。中国環境NGOの特徴と機能を分析するときも西洋の理論で無理に分析することはできない。厳格な登録制度の役割を果たさせるのは政府の認める範囲内に限られている。つまり、政府が制限した範囲内で、環境NGOは自由に活動できるのである。中国住民社会の建設は、責任は重くて前途は遠い。社会転換の完成までの間、環境NGOの過渡的な特徴は相当長期間続くことになるであろう。

第5章
西部大開発における生態建設——陝西省北部を中心に

はじめに

　西部大開発は中国政府が社会主義現代化建設の重要な時期に実施した戦略である。西部大開発には2つの目標がある。1つは発展の加速であり、東部沿海地区との格差を急速に縮小し、ともに豊かになる戦略構想である。もう1つは、生態建設を行い、山紫水明の西部を再建することである。一定期間の実践を経て、西部の生態環境は一定の成果を得た。西部の状況はある程度の改善を見たが、この政策は実践における一層の発展と改善を必要としている。現地の農民には多くの懸念と当惑がある。今年（2005年）夏、筆者は米国の学者と同行協力した「中国の環境と社会」プロジェクトチームとともに陝西省北部に出向き、現地調査を行った。前後して延安の甘泉県延安市、榆林の米脂県から靖辺県、定辺県、鹽池県を経て寧夏の銀川市に到達した。古文書の調査、口頭調査、現地調査をして豊富な新しい資料を収集した。以下では筆者の自らの研究と調査過程での考察を記述する。

1　西部大開発と生態建設

1.1　西部大開発の意義と内容

　西部大開発は中国政府が提起した、20世紀末の実施しなければならない重大な戦略であり、生態建設はその中で重要な位置を占める。中国の改革開放の初期に、総設計師・鄧小平は、全国の発展について「2つの大局」の構想を提起した。彼によると、1つの大局は東部沿海地域の対外開放の加速であり、2億の人口を擁する広大な地域を比較的速く発展させ、内陸部のさらに優れた発展を促進することである。1つの緊要な大局であり、内陸部はこの大局に留意しなければならない。逆に、まずまずの裕福な段階に達した後、先進地域は発展を継続し、多くの交付税と技術移転により豊富な資源を擁する内陸部の発展を支える。これも1つの大局であり、こ

の段階で沿海部もこの大局に従わなければならない。2つの大局は同時に進まなければならない。全国を将棋盤とすれば、まず不均衡に発展し経済力が増してから次第に貧富の差と両極分化の問題を解決し、共同の富裕を実現する[1]。鄧小平理論はすでに中国共産党の指導思想となり、彼の後継者は条件が成熟したときに積極的にこの構想を実施し始め、不均衡な発展が生んだ深刻な経済、社会、生態問題を解決することに取り掛かっている。1997年8月5日、江沢民総書記は姜春雲副総理に対し次のように指示した。「陝西省北部地域の水土流失(降雨のために土砂が流失すること)を改善し生態農業を建設することに関する調査報告」で、「歴史が残したこのような劣悪な環境に対して、我々は社会主義制度の優越性を発揮し、困難な創業精神を高め、一致協力して植樹造林、砂漠緑化を進め、生態農業を確立して根本的に改善する。各世代はそれぞれ長期に、継続して奮闘し、山紫水明の西北地域を再建し実現すべきである」と。これは第三世代の指導者が西部で大規模な生態建設を準備し始めたことを意味する[2]。

1999年6月17日、西安で行われた西北5省区国有企業改革と発展座談会の席上、江沢民ははっきりと「西部地域大開発」の考え方を提起した。彼は、「西部地域の開発を加速することは、全国の改革と建設にとって、党と国家の長期間の安泰を維持するのに、1つの全局的な発展戦略である。重大な経済的意義を有するだけでなく、重大な政治的、社会的意義を有する。中西部地域の発展を加速させる条件はすでに基本的に成熟している。今後、党と国家の1つの重大な戦略任務としてより重要な位置に置かなければならない」と語っている。1999年6月17日から24日、黄河視察過程で、江沢民は次のとおり強調している——生態環境の改善は、西部地域の開発建設において最初に検討し解決しなければならない重大な課題である。もし、今から努力して生態環境に明確な変化をもたらせ

---

1) 1998年9月12日の「価格と給与改革に関する初歩方案報告時の談話」および1992年1月18日〜2月21日の「南巡講話」による。
2) 高路・葛方新主編『大決策出台:西部大開発方略』経済日報出版社、2000年、5頁。

ないとしたら、西部地域の持続可能な発展戦略の目標は絵に描いた餅となる。数十年ないし次の世紀の苦難と努力により、山紫水明の大西北を建設する、と。

　江沢民の西部大開発の精神を実行するため、国務院総理・朱鎔基は、1999年8月5日から10月30日、前後して西部の6省区の現地調査と研究に赴き、「退耕還林（草）、封山緑化、個体承包、以糧代賑」の政策方針を提起した。退耕還林（草）（耕地を森林や草地に返すこと）は、生態環境の保護と改善のため、水土流失が生じやすい傾斜地の耕地と砂漠化を来しやすい耕地について、計画的・段階的に耕作を停止し植樹、灌漑、植草をうまく組み合わせることを基本に、徐々に現地の林草植被を回復させることである。封山緑化（山を封鎖して緑化すること）は、退耕還林プロジェクト内の現存する林草植被に対して外部からの侵入を禁止する措置を講じ、厳格に保護しようとするものであり、荒廃した山や土地にできるだけ早く植被を回復させようとするものであり、厳格な管理により緑化の成果を確実にする。個体承包（個人請負）は、植樹種草と植被保護の任務を請負責任制の方式でもって各戸、各人に実施させ、「造林（草）をしたものが経営し、利益を受ける」との政策に基づき、責任、権利、利益を明確にし、生態建設に参加させると同時に、利益を得させようとするものである。以糧代賑（食糧でもって救済に代えること）は、退耕を行った農家に対して、国が一定の基準により無償で食糧を提供することである（食糧をもって生態に代える）。農民が退耕したあとの食の問題と収入の維持を保障するものである。この後、国務院の関係部門は試行の基礎の上にこれらの方針を具体化し、農民の積極的な参加を促進させる具体的な政策を制定した。主な内容としては、まず、国は退耕した農家に無償で食糧を提供する。長江上流地域では1畝（ムー）当たり150kg、黄河中上流地域では1畝当たり100kgとした。次に、国は退耕した農家に一定期間内、1畝当たり20元の基準で現金補助を行い、日常生活を保障する。さらに、国は1畝当たり50元の基準で退耕した農家に種苗代を供与する。そして、退耕還林の保障期間を森林の用途でもって区別した。経済林は5年、生態林は8年の保障とした。また、退耕還林（草）の土地請負期間を70年に延長し、県級人民政府が林草の

権利を登記し、法による継承と移転を許可するとした。

　政策が制定されて以降、国務院は陝西、四川、甘粛の3省でまず試行を実施した。1999年だけで退耕地の造林は572.2万畝、荒山荒地の造林は99.7万畝となった。2000年3月、国務院は「2000年長江上流、黄河中上流地域退耕還林（草）試行モデル事業実施に関する通知」を公布し、17の省市と新疆生産建設兵団が退耕還林試行事業を開始し、退耕地の造林564.9万畝、荒山荒地の造林701.3万畝を計画した。2002年1月10日、国務院が開催した退耕還林テレビ電話会議で、正式に退耕還林プロジェクトの全面的な開始を宣言し、範囲は24の省区に拡大された[3]。

1.2　西部大開発の背景事情

　どうして国はこの時期に生態建設を非常に重要なレベルの問題として提起し実施したのか？

　まず、1990年代中後期に頻繁に発生した自然災害が指導層に生態破壊の停止と生態建設を決意させたといえる。長江流域で発生した大洪水、黄河で何度も発生した断流現象、北京の深刻な砂嵐（黄砂）が人々の生産と生活に非常に深刻な損失をもたらした。生態学からいえば、これらの問題発生の主要原因は河川上流と風砂源の植被と森林が大量に破壊され、深刻な水土流失と土地の砂漠化を来したからである。下流と都市の問題を解決するには、上流と風砂源の植樹草により植被を回復しなければならない。西部大開発における生態建設の実施は子孫後世代に対する責任だけでなく、

[3) 退耕還林（草）事業の健全で秩序ある実施を規範化するために、国務院と関係部門の部・委員会・局は相次いで多くの規定を制定した（詳細は後述）。また、国は関連の法律中に対応した規定を設けた。1991年に公布実施された「中華人民共和国水土保持法」第14条は「25度以上の傾斜地において開墾し農作物を栽培することを禁止する。省、自治区、直轄市人民政府は当該地区の実情に基づき25度以下の開墾を禁止する傾斜地を定めることができる。本法実施前にすでに開墾を禁止された傾斜地に農作物を開墾栽培するには基本農地を建設するということを基本に、実情に応じて漸次退耕、植樹植草、植被回復、または棚田の修築をしなければならない」と規定した。1998年改正の「中華人民共和国土地管理法」第39条は、「森林、草原を破壊し耕地を開墾することを禁止する。湖を埋め立て田を造ったり川の堤防を占用することを禁止する。土地利用全体計画に基づいて、生態環境を破壊し開墾した土地については、計画的に段階を踏んで退耕還林を行う」と規定した。

中華民族の生存と発展にも関係している。

　次に、均衡を欠いた発展戦略によって、中国の東西部、都市と農村の間の貧富の差が非常に危険なレベルにまで達し、社会の安定、民族の団結と人々の持つ中国の特色ある社会主義の信念に影響を与えたためである[4]。江沢民の「三つの代表」の重要思想の中に、最も広範な人民の根本的利益を代表するとの言葉がある。このことは、当然西部の遅れた地域の住民を支援し、できるだけ早く貧困を脱し豊かにさせるということも意味している。しかし、西北地域は生態が非常に脆弱な半乾ばつ地域にあり、大部分は過去過度に開墾されている。解放後、人口の急速な増加と国の政策の指導により、森林を伐採し開墾することが食糧増産の主要な方法であった。西部の生態環境は大規模に破壊された。もし、西部大開発において環境の保護、建設に留意しないなら、必ず災害をもたらすこととなる。米国の西部開拓で出現した環境破壊が先例である。当然、生態建設は、西部の住民の貧困からの脱出、産業構造の調整、生活方式の転換、新たな経済成長につながるチャンスともなる。

　第3に、中国にはこの時期に大規模な生態建設を進めるだけの力量がある。世界銀行の統計では、1人当たりのGDPが1000～3000ドルに達したときが、経済発展の重要な転換点であり、生態建設の転換点でもある。すなわち、環境逆U字型曲線または環境クズネッツ曲線の転換の領域に入っており、中国が大規模な生態改善行動を起こすことができることを示している。新世紀に入ってから1人当たりのGDPは1000ドルに到達、突破し、総合的な国力は増強されつつある。巨額の資金を投資し、大規模な生態建設を進めるのに堅実な基礎が築かれている。統計によれば、1949～1999年の中央政府の林業に対する投資は年平均5億元であり、現在では1年で400億元以上に達している。水土保持、公園緑化、草原建設、生態農業、生態移民等に対する投入に加え、年間投資はGDP全体の約2％を占め、長期にわたって生態建設への投資が深刻に不足しているとの懸念を解消し、生態建設に資金面での強力な保障を与えた。

　このほか、1つの有利な条件がある。すなわち、わが国の農業生産が連続で豊作となり、国の食糧が豊富となったことである。朱鎔基が陝西省視

察時に何度も強調したのはこの点である。彼は、「過去食糧が欠乏していたとき、黄河中上流の一部の地域では、山頂や傾斜地まで開墾し穀物を植え、食糧供給不足を緩和していた。だが現在は状況が異なっている。国の食糧は豊富で余剰がある。もし、引き続き山頂や傾斜地にまで開墾し穀物を植えるなら、投資が大きく、コストが高く、収穫量が少なく、効率が悪いばかりでなく、水土流失を加速させ、必ず下流の洪水防止と経済発展に深刻な影響を与えることとなる。このため、上流は水土流失の改善を重視し、生態環境を改善しなければならない。これにより減少した食糧は補償を行う。国はまた農民が退耕してからの食糧問題解決の措置を取る」と述べた。要するに、この時期に生態建設を行ったのは、十分に有利な条件を備えていたばかりでなく、社会全体も共通の認識に達していたからである。

1.3　西部大開発の具体的成果

　6年来、退耕還林（草）を主とした西部生態建設は巨大な成果を得た。退耕還林プロジェクトを実施してから6年で、すでに合計1734.2万ヘクタール（約2.6億畝）の造林を完成した。内訳は、退耕地の造林・783.45万ヘクタール、荒山荒地の造林・950.75万ヘクタールであった。合計投資は633.64億元であり、そのうち国が582.86億元で、投資全体の91.99％を占めた。生態林の割合は80％以上に達している。2005年1月18日に発表された第6次全国森林資源調査結果では、全国の森林の年平均の増加率は0.33％で、毎年増加した森林面積は台湾省の面積に相当し、森林被覆率は18.21％に達した。京津風砂源改善プロジェクト開始以来、6400万畝の造林を行い、プロジェクト地域の植被被覆率は平均で20％増加した。「三北防護林建設」第4期プロジェクトによる砂漠化土地の合計2000万畝の改善事業を行った。うち農地防護林300万畝、防護された農地を3700万畝増やした。全国の砂漠化観測と砂嵐（黄沙）観測結果によると、2002年以来、全国年平均砂漠化土地改善面積は1.9万km^2に達し、年平均の拡大面積を超

4）1978年の全国のGDPのうち、東部は50％、中部は31％、西部は19％を占めていた。1998年には東部は58％に上昇したが、中部は28％、西部は14％に下降した。

えた。砂漠化土地が毎年減少した省区は、すでに19に達している。

これらの生態建設プロジェクトの実施は、生態面での良好な効果をもたらしただけでなく、良好な社会経済的効果をもたらした。プロジェクト実施地域の森林資源が安定し増加したことにより、水土流失面積は減少し続けている。最新の観測結果では、全国の水土流失面積は過去の367万km^2から356万km^2と11万km^2減少している。水土流失の程度は鈍化し始め、2003年の全国の11の主要河川流域の土壌流失量は大幅に減少した。そのうち、長江と淮河では50%程度減少した[5]。

退耕還林と防砂林建設のプロジェクトは西部の住民にとって産業構造を調整するのに非常に良い歴史的な契機となった。まず、退耕農家は直接国から補助を受けた。2004年末まで、四川省退耕農家は1戸当たり累計1718元（食糧を含む）、1人当たり475元の政策的な補助を受けた。次に、退耕農家は経済効果が比較的良い樹種、草種を選ぶことに留意し、集中的に栽培したことで、牧畜業、林（竹）果実、草産業、漢方薬などの産業の発展に影響を与え、農業の産業化経営を推進し、地方経済の発展を促進、農民の収入を増加させた。陝西省延安市は、現地の状況に合わせ、林果業（果実栽培）、草畜業（牧畜業）、棚栽業（ハウス栽培）を発展させ、農民1人当たりの収入は1998年の1356元から2004年の1953元へと年平均7.3%高まった。貴州省遵義市は集中的に林（竹）、茶、クワ、果物、薬材、草などの特色ある優良産業を行い、大規模な栽培により各々の特色を出した「1県1品」を発展させた。農民収入は2000年の1723元から2004年の2120元に増加し、年平均増加率は5.4%であった。第3に、退耕還林は農村の余剰労働力を非農業部門と多角経営に転向させ、出稼ぎ者を増やした。四川省は毎年約300万人余りの労働力を農業生産から出稼ぎや商業経営に移転させ、労働収入は160億元から180億元に達し、農村の経済発展と都市化の進展を大きく促進した。

2　陝西省北部の生態環境建設

2.1　生態環境建設の具体的施策

　陝西省は中国西部で非常に重要な地位を占める。歴史的にはかつて13の王朝がここに都を建造した。現実的には、中国西部の交通、科学技術文化と経済の要衝である。しかし、陝西省の生態環境と経済社会発展は甚だしく均衡を欠いており、南北の格差が歴然としている。北部と南部や関中地区は、地形や経済発展等から見ても大きく異なっている。北部は行政区画からいえば延安市（13県市）と楡林市（12県市）で、気候は中温帯寒冷干ばつ大陸性気候であり、地形の特徴からは陝北黄土丘陵溝谷区と陝北長城沿線風砂区に分けることができる[6]。陝北黄土丘陵溝谷区の森林被覆率はわずかに12.2%であり、水土流失は深刻である。土壌浸食は最高4万トン以上に達し、黄河中流域で水土流失が最も深刻な地域の1つである。25度以上の傾斜地は耕地面積の27%、15度以上の傾斜地は耕地面積の60%を占めている。農業生産は収穫量が少なく、農村は貧しく遅れている[7]。陝北長城沿線風砂区はモウス砂漠の南縁に位置し、オルドス高原と黄土高原の中間に位置する。常に強風と干ばつが発生し、土地砂漠化と風食が非常に深刻である[8]。

　陝西省北部の生態環境は非常に劣悪であるが、ここは中国共産党の革命聖地でもある。また、黄河と北京の生態安全にとって非常に重要である。このため、中国の党と国家の指導者が注目する重点地域であり、生態建設の試行地域にも最初に組み入れられた。

　実際、早くも解放戦争の時期に、解放区は「林木林業を保護し発展させる暫行条例（草案）」を公布し、実行した。この中では、すでに開墾した

---

5) 2005年3月29日の「回良玉の全国緑化事業会議での講和」による。
6) 楡林地域南部6県と延安市甘泉以北の8県を含め、14の県、232の郷鎮、人口242万人。土地面積は全省の15.9%を占める。
7) 張小燕・楊改河主編『中国西北地区退耕還林還草研究』科学出版社、2005年、167頁。
8) 楡林地域北部6県（市）、150の郷鎮、人口184万人、土地面積3.37万 km^2。

が荒れた林地は森林に戻すべきこと、森林付近の開墾された林地でも造林しやすいところは耕作を止め造林すべきことを規定している。1973年周恩来総理は延安を視察し、植樹造林、傾斜地の退耕還林を呼び掛けている。1978年国は正式に「三北防護林プロジェクト」を開始、そのうち陝西省北部を重要な一地域とした。1983年、胡耀邦は陝西省視察時に「木や草を植え、牧畜を発展させ、生態を回復し、農業を促進させる」との改善方針を明確に提起し、西北地域を「高木・灌木・草を結合させた緑の宝庫」にすることを求めた。国家の指導者はこのように提起したが、文化大革命と以後の経済建設中心の時期には、これらの指示は完全に実施されることはなかった。庶民は空腹を満たすために、大量に荒れ地を開墾した。現地の民謡（信天遊）で「荒れ地を開墾するたびまた痩せる。大雨降ればまた流される。さんざん働いておなかはぺこぺこ。苦しい生活は何時まで続くやら」と謡われているように、水土流失は土地をますます痩せたものにし、食糧の生産量はますます少なくなり、人々はますます急傾斜の山地で開墾を行うこととなる。陝西省北部の農業は、貧しくなればなるほど開墾し、開墾すればするほど貧しくなるという、生態環境が不断に悪化する悪循環に陥ることとなる。

　中央政府の退耕還林（草）政策は陝西省北部の人々がこの悪循環から抜け出すのを助け、8年間にも及ぶ補助および支援措置が現地の人々に自らの生産と生活方式を変えさせることに資することとなる。退耕還林（草）政策の実施以降、延安市は人工造林779.46万ヘクタールを完成し、森林草地被覆率は以前に比べ14％引き上げられた。造林の成果を保障するために延安は段階的に封山禁牧政策を推進し、人々の薪採取や放牧を許さなかった。1999年に1つの県（呉旗）内で禁牧、2000年に森林でない地域の県で禁牧、2001年には全市で禁牧を実施し、放牧から舎内での飼養に改めた。延安ではまたその他の燃料を使うことが奨励された。石炭の産地と交通の便利な郷村では石炭の燃焼を奨励し、町の周辺では液化ガスと天然ガスの使用を勧め、石油開発区域では油田周辺の発生ガスを使うことを促進している。このような資源のない地域ではメタンガスの利用を拡大することとし、メタンガスの貯蔵施設ごとに市、県が各500元を補助した。現在、メ

タンガスを使用している農家は4万641戸に達しており、総戸数の11.35%になっている。

　退耕還林は農民に実益をもたらした（2004年までに完成した退耕還林と荒れ山緑化の面積だけで、2008年末までに国から食糧、金銭の補助を60億元受けている）。さらに、農民は国の補助を受けると同時に自らの新たな経済発展の道を開拓した。すなわち、退耕還林の中で国が認めた20%の経済林の政策を利用し、リンゴ、なつめ、山桃、杏などの収益を生む樹種を選択して植えた。また、生態経済と兼用可能な樹種（ネイジョウ（檸条）など）を選び、植被を回復しながら飼料を提供した。全市の経済林果樹の面積は338.3万畝に達し、そのうちリンゴの面積は182.4万畝に、生産量は82.95万トンに達した。退耕還林により生まれた多くの農村労働力は栽培や養殖業等の多角経営に転向した。野菜ハウス6.4万棟、野菜栽培面積は19万畝、総生産量は37.8万トンに達した。土砂止めダムの建設により延安市は新たにダム地2.8万畝を建設し、毎年食糧1億kg以上を増産したばかりでなく、700km^{2}以上の流域面積の流失を防いだ。1998年と比べて全市の農作物栽培面積は400万畝以上減少したけれども、農民1人当たりの食糧生産量は500kgで安定し退耕前のレベルを上回っている。延安の果樹、牧草、ハウス栽培の三大産業は発展し、現在の延安の農家は1つか2つの収入の安定した職を持っている。三大産業の農民の増収に対する貢献率は57%に達している。農民の収入は1998年以来平均して7.3%の急速な成長を続け、2003年から2年連続で全省の平均を超えた。このような変化は、「石炭、石油、天然ガス」以外にここ数年の退耕後の産業の迅速な発展とも関係がある。要するに、退耕還林により「平地で食糧栽培、山には樹木、牧舎に羊」という状態になり、生態環境悪化の趨勢は一定程度抑制できた。食糧の総量安定の基礎の上に、農業産業の構造調整は飛躍的な発展を遂げ、農民の生産生活方式はかつてなく改善された。

2.2　退耕還林プロジェクトの事例

　次に、1つの村の退耕還林の事案を分析してみる。陝北黄土丘陵溝谷区に位置する高西溝村は、全村126戸、522人、総土地面積6000畝、40の山、

21の小谷がある[9]。昔の高西溝は「山は何もない荒漠、谷あいには石が散らばり、毎年災害に遭い、10年のうち9年は収穫がない」という状況であった。長年の農地の建設と退耕還林により、今日の高西溝は「山は青く、水は澄み、果樹が香り、村はきれい」である。黄土高原生態建設の1つの象徴である。全村の現有林地は2253畝、49.7％を占めている。そのうち生態林は1660畝、経済林593畝である。草地は1500畝で33.1％を占めている。基本的農地は777畝で、17.1％を占めている。ほとんどがダム地と幅の広い段々畑であり、溝の管理程度は78％である。森林被覆率は64％に達し、高西溝の人は自慢して「黄河のなかには一粒の高西溝の土もない」[10]という。

　退耕還林プロジェクトの実施は非常に大きな成果を得たが、退耕農家には少なからぬ心配がある。まず、国の補助期間の終了後、どのようにして生活を維持していけるのかということである。筆者の調査によると、現在現地農村で通常生活しているのは、文化技術のない、保守的な考え方を持った者か、老人・虚弱者・病人・身障者である。彼らは瞬間に変化する市場の情勢に適応することは本来困難である。例えば近年のリンゴの価格の直線的な下落により、これを代替産業としていた農家は再び貧困に陥ることとなった。彼らは耕作に戻るというプレッシャーを感じている。もう1つは、陝西省北部の状況は非常に特殊であることだ。ここの経済は主にエネルギー開発に依存している。これらの産業は農業を補うことができる。能力があれば耕地面積を減らすことが可能である。しかし、その他の地方ではこのような天然資源に恵まれた状況にはない。第3に、農村の主要な収入は農業ではなく、第2次、第3次産業と出稼ぎに依存している。このことは、都市ならずっと多くの就業機会を生み出すことができるということである。もし、都市が職を提供し続けることができないなら、農民工は故郷に戻り退耕還林（草）の成果を確実に見積もることは困難になる。退耕還林の成功は国の全体的な発展情勢と密接に関係している。なぜなら生態効果をお金で買うということだからである。

　陝北長城沿線風砂区の生態建設は主に砂漠化防止である。モウス砂漠南縁の風砂危害は激烈である。砂塵被害は頻繁にあり、水土流失は深刻

で、生態環境は非常に脆弱である。楡林市の1950年の資料統計によれば、1949年の砂漠化地域の残存林は約60万畝で、森林被覆率はわずか1.8％であった。1978年の「三北防護林プロジェクト」建設とその後の退耕還林（草）は砂漠化地区の様相を大きく変えた。50数年の改善建設により、楡林風砂区には総延長1500km、面積11.7万ヘクタールの4つの大型防風固砂林帯が建設され、砂漠内に作られた造成林は160ヵ所、林草保存面積は99.3万ヘクタール、林草被覆率は39％に達し、40万ヘクタールの流砂は固定または半固定にされ、9.3万ヘクタールの農地と6.7万ヘクタールの牧場は保全され、年間の砂嵐は6.6日から2.4日に減少した。以前の「風が吹けば百里砂一面、家にも住めない」という楡林の砂漠地区は改良により、一部の地区にはすでにオアシスが広がり、緑の木が生長し、生態、社会、経済の三大効果が明らかな防護林体系が一応形成された。長期にわたる砂漠化防止の実践で、楡林はまた一連の良好な効果を生み出す方法を作り出した。例えば、請負・賃貸・競売政策と大きな農家の請負、株式制、企業が農家に加わる制度などの多様な方式である。そのモデルが石光銀である。

2.3　砂漠化防止の英雄・石光銀

　石光銀は陝西省定辺県海子梁郷四大濠村の農民であり、現在は世界でも名の知られた砂漠化防止の英雄である。前後して「陝西省労働模範」、「全国十大貧困支援の第一人者」、「全国砂漠化防止の英雄」および国連食糧農業機関の「世界優秀林業家賞」の称号を得た。1984年、石光銀は7戸の農家と連携して3000畝の荒れ地への植樹を請け負った。1985年、彼は長茂

---

9) 2005年7月9日、筆者と米国の同行者は米脂県20km北の高西溝村を調査研究した。
10) 高西溝の生態建設に関する研究と報道には以下のものがある。
　　魚米『黄土高原上的明星：高西溝』陝西人民出版社、1980年。江華「陝西高西溝奇跡」『南方週末』第1036期、2003年12月18日。張振中・任小崗「従高西溝到米脂」『西部大開発』2003年9期。張雁氷「生態環境建設的一面旗幟——米脂県高西溝村生態環境建設的調査」『中国水利』2003年5期。江華「陝西高西溝：黄土高原上的一片緑」『中国地名』2003年6期。陳謙「昔日三三制、今朝一二三、耕地減一半、産量成倍翻——米脂県高西溝村自力更生建設瘀地壩」『西部大開発』2003年12期。江華「高西溝緑従何来」『中国西部』2004年3期。HPアドレス：http://www.mzpy.cn/index/htwh/lvyou/gxg/wy/rt2.htm

灘林場と契約を結び、5.8万畝の荒れた砂地への植樹を請け負い、将来樹木伐採後の収益を2対8とした。1996年、彼は「定辺県荒砂改良有限責任公司」を設立し、改良後の砂漠にとうもろこし、麦を植え、イノシシ、馬、ロバ、ラバを飼養し、レンガ工場、飼料加工場等を経営し、「連携して砂漠化防止し、多くの事業を行い、共同に豊かになる」という新しい道を歩みだした。20年間で1000万元以上の借金を負い、荒れ砂、荒れ灘22.8万畝を請け負い、2000万株以上の新疆ポプラ、柳、ネイジョウ等の木を植えた。昔の砂漠を森林が豊かな緑地に変えた。彼の改良事業は国にとっては大量の資金の節約となり、緑化砂漠化防止の歩みを速め、当地の生態環境を変えた。森林や草の植被が多いところでは流砂が固定され、もともと流砂に埋没した良田が再び活力を取り戻し、食糧の収穫量が大きく増加するとともに農民の収入も高まったのである。

　石光銀の砂漠化改良は現地の人々に利益をもたらし、生態環境を改善したが、国の政策の変更によって彼は「グリーン銀行」からお金を引き出すことができず、借金が次々と重なった。関係部門の実地調査によると彼の森林の価値は5000万元に達する。当時の国の政策と請負契約中の「植えた者が利益を受ける」原則によれば、彼は億万長者になっている。だが実際は、彼自身が次のように語っている。「20年間砂漠化防止を行ったが、20年間借金が貯まった。私は現在陝西省最大の借金王だ」。このような不思議なことがどうして起こるのか？　原因は国の政策の頻繁な変更と不統一である。当時契約に利益分配の条項は書かれていたが、「陝西省森林管理条例」は、個人の森林の伐採は必ず伐採許可証を必要とすると規定していた。彼が言うには、お金を得られるかどうかは林業局の一存にかかっている。さらに、彼の森林は間伐もできない「三北防護林体系」に組み入れられた。1998年、石光銀が植えた樹木は国により生態林に組み入れられた。間伐により発展させたいという彼の願望は徹底的に砕かれた。一部の比較的冷やかな出資者は樹木の伐採ができないことを知って、次から次へと脱退を申し出、彼の砂漠化防止事業は継続が困難となり苦境に陥った。国家林業局は2002年末に農業銀行から1000万元の銀行借り入れをさせることとし、彼は以前の300万元を超える借金を返済し、焦眉の急を脱した。だ

が1年間の利息70万元以上を四半期ごとに返済しなければならない。この後国家林業局は2003年の彼の4万畝の新規植林を荒山造林面積に組み入れ、200万元を補助した。国家林業局のこれらの支援は雪中に炭を送るものであり、明らかに特別扱いで個人の造林の構造問題を真に解決するものではなく、持続可能な発展の問題を解決できないものであった。農民の造林の積極性を損なわないように、政府はできるだけ早く関連の保障・支援政策を制定し、請負農家が困難に陥ることを避けなければならない。生態林は公共のものであり、外部性を備えている。私人の会社は主に経済利益の追求を目標とし、経済林を植えたがる。もし、国が経済林を生態林に変えたいなら、市場メカニズムに基づき樹木の経済価値または生態環境改善後の社会的コスト削減額を基に補償を行わなければならない[11]。

　要するに西部大開発において、陝西省北部の生態環境の建設は非常に大きな成果を収め、森林被覆率の目覚しい上昇、水土流失の抑制、生産と生活環境の改善、経済構造の初歩的な調整、人民の生活レベルのある程度の改善が見られた。しかし、この重要な意義のある生態建設プロジェクトの中で、国の補助の継続期間、造林補償システム、都市と工業が退耕地域の農民に提供する就業機会など解決を待たなければならない問題とリスクが存在する。西部大開発中の生態建設は国家全体の発展戦略の1つの重要な部分として長期に継続しなければならない。そうしてこそ、国は富み、農民は現金収入を得、耕作を止めても植栽でき、安定して暮らすことができるのである。

3　生態建設政策と政策執行過程における地方政府の役割

3.1　中国における地方自治の範囲

　中国は1つの中央集権国家であり、西部地域の面積は広大で生態環境は

---

11) 姚順波・憂利群「生態林補償制度研究」『北京林業大学学報（社会科学版）』第4巻第3期、2005年9月、54頁。姚順波「非公有制森林征用輿補償研究」『林業経済問題』2004年第2期。

きわめて多様である。このことは、国の政策がマクロ的、普遍的かつ基本的であり1つの総体としての国に適用されるものであることに留意しつつ、同時に地方政府が政策の制定と執行過程において積極的な役割を果たし、中央政府の政策原則を当該地域の実情に合わせて適切に執行可能な具体的政策に変更することを要求するものである。ここで言う地方政府は、省級政府ばかりでなく市県政府を含む。なぜならいずれも自らの法規を制定できるからである。

　中央政府と地方政府の権限について、「中華人民共和国憲法」は、「地方各級人民代表大会は行政区域内において法律規定の権限に基づき決議を通過させ公布することができる」、「県級以上地方各級人民政府は法律規定の権限に基づき決定と命令を公布することができる」と明確に規定している。しかし、地方環境法規は「憲法」、「中華人民共和国環境保護法」、「中華人民共和国行政処罰法」等の法律と行政法規に抵触することはできず、地方環境行政規章は法律、行政法規、地方法規と行政規章に基づき制定されなければならない[12]。このことは、地方政府には国の法律規定の範囲内で当該地方の環境基準と具体的な環境政策を制定する権利があることを示している。

　陝西省北部の生態建設についていえば、中央政府が公布した政策の主なものは以下の法律と条例、規定中にある。すなわち、「中華人民共和国森林法」、「中華人民共和国森林法実施条例」、「中華人民共和国防砂治砂法」、「退耕還林条例」、「森林伐採更新管理弁法」、「食糧代替、退耕還林（草）の食糧提供に関する暫行弁法」、「退耕還林還草試行事業をさらに推進することに関する若干の意見」、「2000年長江上流、黄河中上流地域退耕還林（草）試行モデル事業実施に関する通知」、「退耕還林政策をさらに改善する措置に関する若干の意見」、「適切に"五つの結合"を実施し退耕還林の成果を強固にすることに関する国務院弁公庁の通知」などがある。これらの法規はすべて、中華人民共和国の領域内で砂漠化防止と退耕還林（草）を行うものは従わなければならないと規定している。しかし、また地方政府は現地の実際の状況に基づき関連政策を追加し、改善することができると規定している[13]。この原則に基づき陝西省、延安市、楡林市およびそ

の所属の各県は相次いで具体的な政策と実施弁法を制定した。例えば陝西省は相次いで「陝西省森林管理条例」、「"中華人民共和国防砂治砂法"実施弁法」、「陝西省"退耕還林条例"実施弁法」、「陝西省退耕還林（草）作業設計施行弁法」、「陝西省退耕還林（草）試行資金清算制暫行弁法」、「陝西省退耕還林（草）検査検収暫行弁法」、「陝西省退耕還林（草）種苗生産提供暫行弁法」、「退耕還林の成果を強固にする事業に関する陝西省人民政府弁公庁の通知」などを制定した[14]。

　以下では、「中華人民共和国防砂治砂法」と「陝西省"中華人民共和国防砂治砂法"実施弁法」（以下、「弁法」という）、「退耕還林条例」と「陝西省"退耕還林条例"実施弁法」（以下、「実施弁法」という）を簡潔に比較し、地方政府の環境保護・建設における政策制定と執行過程の機能を分析する。

3.2　陝西省弁法と共和国防砂治砂法、退耕還林条例との関係

　まず、地方環境政策は国の法律規定の範囲内で執行しなければならない。「陝西省"中華人民共和国防砂治砂法"弁法」の第1条は、「中華人民共和国防砂治砂法」第1条の内容を繰り返している。しかし、「中華人民共和国防砂治砂法に基づき、省の実情に基づき本弁法を実施する」との内容を付け加えている。これは中国の政治体制の特色から決定されたものである。中国が実行するのは中央集権、党の一元化指導の制度であり、地方政府は必ず党中央と中央政府の指導のもとに業務を行う。中央政府は国を代表し、その政策は主に「立憲性の方策」とマクロ的な「行政的方策」であり、地方政府にとっては法の中の法というような性格を持ち、地方政府はこれを根拠に、また限界として当該地域の特殊な環境と条件に合わせることとなる。

---

12) 夏光ほか編著『中日環境政策比較研究』中国環境科学出版社、2000年、28頁。
13) 例えば「中華人民共和国森林法」第48条は、「民族自治地方で本法の規定を全部適用できないときは、自治機関は本法の原則に基づき、民族自治地方の特徴と結合して、変則または補充により規定を制定し、法定手続きにより省、自治区または全国人民代表大会常務委員会に報告し、承認を得て執行する」と規定する。
14) 陝西省林業庁・陝西省発展計画委員会編印『陝西省退耕還林還草工作手冊』2000年12月。

次に、地方環境政策が新たに付け加えた内容は、国の政策の原則の具体化ということとなる。例えば、弁法第3条は陝西省の砂漠化土地の範囲を次のように明確にしている。具体的には、①楡林市北部長城沿線のすでに砂漠化した土地と明らかに砂漠化の趨勢にある土地、②楡林市南部および延安市北部の明らかに砂漠化の趨勢にある土地、③黄河、渭河、漢江沿線およびその他のすでに砂漠化した土地と明らかに砂漠化の趨勢にある土地である。弁法第28条は、「中華人民共和国防砂治砂法」第8条を具体化しており、以下の事情のいずれかを有する団体または個人について表彰、奨励を行うとしている。①砂漠化土地面積1000畝以上を請け負い、改善効果が顕著である場合、②砂漠化防止科学研究と技術普及事業に従事し、際立った貢献をした場合、③砂漠化防止事業に10年以上従事し、功績が顕著である場合、④砂漠化防止の関連法律、法規を執行し功績が顕著である場合、⑤その他砂漠化防止の事業で際立った貢献をした場合、を挙げている。弁法第31条は、「中華人民共和国防砂治砂法」中の処罰規定を具体化し、同弁法第14条1項に違反し、砂漠化土地で放牧した者に対して、県級以上人民政府林業主管部門は責任をもって改善し、1頭当たり10元以上30元以下の過料に処すことを規定している。弁法第34条、第36条は「中華人民共和国防砂治砂法」第45条を具体化し、国家機関の職員、砂漠化防止の管理員が砂漠化防止事業中、職権濫用、職務怠慢、情実による不正行為を行った場合は、直接に責任のある主管人員とその他直接に責任のある人員に対し、監察機関または上級行政主管部門が行政処分を行う、犯罪を構成するときは刑事責任を追及する、個人は5000元以上の過料、団体は3万元以上の過料に処し、当事者はヒアリングの実施を要求する権利がある、当事者は行政処罰に不服のある場合は法に基づき行政不服申し立てを申請するか直接地方人民法院に行政訴訟を提起することができる、と規定している。弁法第33条は、「中華人民共和国防砂治砂法」第40条の後に新たな内容を付加している。すなわち、営利的な砂漠化防止活動を行い砂漠化を加速させた者は、県級以上林業行政主管部門により違法行為の停止を命じられ、1ヘクタール当たり5000元以上5万元以下の過料に処せられる。固定、半固定の砂漠地を流動砂漠地に退化させた場合は、県級以上林業行政主管部門に

より違法行為の停止を命じられ、1ヘクタール当たり3万元以上5万元以下の過料に処せられる。

これらの規定から、国の法律は関連の問題に原則的な規定を行ったが、地方レベルになると不明確で執行するのに具体的な根拠がないものとなる。このため、地方政府は現地の具体的な状況に応じ具体的な基準、とりわけ処罰基準を制定した。

第3に、地方政府は環境政策の中に、現地の経済の発展に有利な内容を付加した。弁法第24条は「中華人民共和国防砂治砂法」の砂漠化防止の規定に、開発利用と経済発展の内容、すなわち「団体と個人に各種の方式を奨励して、法に基づき砂漠の資源を開発利用し、砂漠の果実、薬、砂漠を固定させる牧草等の経済作物の栽培、家畜の飼養、生態旅行業等の産業を発展させ、砂漠の生態環境を改善し、地域経済の発展を促進する」との規定を加えた。弁法第13条は、「中華人民共和国防砂治砂法」第13条の内容を繰り返し、砂漠化土地において灌木、薬材その他の砂漠化固定植物を採取することを禁止するとしたが、新たに「植物の成長特性により切り株などの技術措置を通じて更新を促進したり、改善方策により合理的に植物資源を利用した者は、関連の法律法規と技術規程を遵守し、必要な防護措置を採り土地の砂漠化の加速を防止しなければならない」との内容を付加した。弁法第16条は、新たに内容を追加し、「砂漠化土地内の各級人民政府はメタンガス、太陽エネルギー、風力エネルギー等の資源の利用を促進しなければならない」と規定した。これらの新たな内容は、地方政府と中央政府の環境問題に対する異なった重点の置き方を反映している。中央は全国の大局と国際的な義務から中国の環境問題を考え、風砂地区での生態効果を追求しているが、地方政府は直接現地の庶民の生産と生活に接し、生存のための生態環境を改善すると同時に、経済発展レベルを引き上げることを追求しなければならない。さもなければ、現地の農民は承諾せず、中央政府も満足しない。現地の幹部にとっては自分の官職も保持できず、栄転も望めない。なぜなら中央政府は幹部の審査にあたり、経済成長率の低い幹部を淘汰する制度を採っているからである。

第4に、地方政府は現地の政治状況に応じて制度を更新している。弁法

第6条もまた以下の内容を付け加えた。すなわち、砂漠化土地所在地内の市、県（区）、郷（鎮）人民政府は、行政の砂漠化防止指導にあたっての任期目標責任審査賞罰制度の確立、砂漠化防止計画に照らして年間砂漠化防止任務の確立、級別の目標責任書の締結を行わなければならない。この規定に基づき楡林市と各県長は砂漠化防止責任書を締結し、毎年の審査、3年に1回の総括評価、総括評価のすぐれた上位3県の表彰、任務を完成できない県の批評、状況が深刻な県に対する関連指導責任の追及が行われている。

　実施弁法はまた、退耕還林を党政のトップが市、県区、郷に対して責任を負うプロジェクトとしている。延安市党委員会、市政府はさらに進めて各種の管理制度と弁法を制定し、30余りの市、県の2つのレベルで、退耕還林県区、郷鎮党政トップが責任を負う実施弁法と関連部門の機関のトップが退耕還林に責任を負う実施弁法を制定した。これにより市、県、郷と関連部門党政の退耕還林を主に指導する第1責任者、部門を指導する直接責任者を明確にし、党政のトップがどのような責任をどのように負い、問題をどのように処理するか詳細な規定を行った。現地政府がこのように対応するのは中国の国情から決定されたものである。各地の政府のトップは党委員会の書記であるが、具体的な事業の責任を負うのは政府の指導者である。もし政府の事業が党委員会の支持を得られなければ一切の政策の実施は空虚なものとなる。党委員会書記の積極的な推進があってこそ、政府は生態環境建設という壮大な事業を立派に完成できるのである。

　要するに、陝西省北部の生態建設は西部大開発の1つの重要な部分として、中央政府の財政支援と政策支持のもと、現地政府が創造的に国の政策を運用し、人々を立ち上がらせ進めることができる。この過程において、国の利益と地方の利益は絶えず調整され、相互に配慮されることとなる。各級の党組織は代え難い、独自の作用を発揮する。これはトップダウンのプロジェクトである。その実施は中国の国家体制の特徴を反映している。

4　結論と啓発

　生態環境建設は西部大開発の重要な内容であり、このプロジェクトの実施にあたって中央政府と地方政府は相互に調整し、党と政府は相互に支え合い、国の生態安全を保障し、地方経済を発展させてきた。このプロジェクトは数年の実践を経て重要な成果を得た。この地域の生態悪化の趨勢は抑制され、植被の被覆率は高まった。地域の経済構造は一定程度に調整され、退耕区と砂漠化防止区には未曾有の新たな現象が出現している。

　退耕還林と砂漠化防止プロジェクトは地方政府が具体的な責任を負うものであるが、このプロジェクトに必要な資金と食糧は主に国庫で手当てされる。西部生態環境建設を継続できるかどうかは、主に国庫投入を継続できるかどうかにかかっている。当然、地方が経済構造を調整し新たな経済成長の部分を育むことも重要な点である。しかし、陝西省北部の状況から見ると、地方経済構造の変革は、1つは現地に鉱物資源があるかどうか、もう1つは都市がどれほどの就業機会を提供でき、どの程度農村に蓄積された労働力を吸収できるかによる。言い換えれば、西部生態環境建設の成否は国全体の経済の発展にかかっている。すぐれた環境政策の執行は堅実な経済的基礎がなくてはならない。

　西部生態環境建設においては、個人と民間組織の参加も非常に重要な一部である。定辺の石光銀と靖辺の牛玉琴はこの面でのモデルである。彼らの砂漠化防止は現地の環境状況の改善に際立った貢献をした。だが、政府の林業政策の変更によって、彼らの砂漠化防止活動は苦境に陥った。国家の利益（生態効果の追求）と個人の利益（経済効果の追求、政策の促進によるもの）が衝突するとき、国は多くの林業事業者が包摂される新しい政策を制定しなければならない。彼らの利益を補償するばかりでなく、彼らが砂漠化防止に参加し林業を発展させるための長期の奨励制度を提供しなければならない[15]。中国の生態建設には一層の制度の刷新が必要である。

---

15) 馬愛国『我国的林業政策過程、由単主体政策過程向多主体政策過程的転変』中国林業出版社、2003 年、193 頁。

第6章
グリーンオリンピックと北京

はじめに

　グリーンオリンピックとは、オリンピック大会を招致・運営・開催する際に、持続可能な発展のもとに、競技と生態環境との調和的発展を実現することを指す。グリーンオリンピックは広い範囲で国際性と模範性を持つため、開催都市ひいては全世界に大きな影響を与えている。中国は世界で経済発展が最も速い国の1つであり、環境問題は工業化が進むとともに複雑で集中するようになってきた。北京は中国の首都として、2008年8月8日から24日まで第29回夏季オリンピックを主催した。北京政府は「グリーンオリンピック」を主催すると厳粛に約束したにもかかわらず、開会するまで、国際社会においては大いに心配されていた。本章では、グリーンオリンピック理念の形成、オリンピック招致が決まったときに約束したグリーンオリンピックの関連事項、北京でグリーンオリンピックが開催される際に実施された対策を分析する。最後に、北京オリンピックを通じて北京ひいては世界にどのようなグリーン遺産が残されたかを探りたい。

1　「グリーンオリンピック」理念の形成

1.1　近代オリンピックの歴史と環境問題

　近代オリンピックは1896年に始まったが、その由来は長い歴史を持っている。文字で記録された第1回のオリンピック大会は、紀元前776年に古代ギリシャ人がゼウスを祭るオリンピアで開催された。紀元394年に古代オリンピックが廃止されるまで1169年間にわたって、合計で293回ものオリンピック大会が行われた。古代オリンピック自体は歴史の中で一旦幕が閉じられたが、自然環境の中で、公平競争の原則のもとに粘り強く闘うことを通じて、均整のとれた身体、パワーと精神を示すことを貴重な遺産として残してくれた。近代オリンピックは古代オリンピックのいくつかの基本要素を受け継いだにもかかわらず、現代工業主義の発展といった新し

い時代の中で展開してきたので、強烈な時代の色彩を帯びることを避けることができなくなった。フランス人教育家・クーベルタンのオリンピックを復活させるという提唱のもとに、オリンピックの伝統は「現代生活条件に符合させることを基盤として」復活された[1]。1896年にオリンピックの聖地であるギリシャの首都アテネで行われた第1回から数えて、近代オリンピック大会も今日までにすでに29回も開催され、110年余りの歴史を持っている。大会の規模の拡大に伴って、国際性がますます強まり、その影響もますます大きくなっている。第2次世界大戦以前、オリンピックはただ純粋なスポーツ競技大会に過ぎなかったため、主に現代スポーツを普及し、その発展を促進する役割を果たした。しかし冷戦期間中には、オリンピックは東西の社会形態の争いの道具になり、政治的に利用された。冷戦の終了と経済のグローバル化はオリンピックに新しいチャンスを与えた。すなわち、オリンピックは素早く商業化され、その莫大な経済的潜在力が引き出された[2]。そこで、近代オリンピックは時代とともに変化する性質と特徴を持っていることが明らかになった。

　オリンピックの規模が拡大するとともに、現代工業主義が環境にもたらす影響も現れてきた。まず、予測不可能かつ把握し難い自然環境によってもたらされる競技場問題を解決するため、多くの競技項目は室外から室内に移された。大型のスポーツ施設を建設することによって、現地の自然環境が改変された（複雑で豊かな自然環境が単調で脆弱な人工環境に代えられた）ばかりでなく、重い負担も与えられた。それからオリンピック開催期間中、人員の大規模な集合によって、開催地に大量の廃棄物、騒音などが残された。一方で市民が自由に移動できるため、シドニーオリンピック大会期間中に、400万の人口を有するこの都市では50万人にも上る市民が騒音から逃れるため都市を離れた。第3に、オリンピック開催期間中、多くのインフラ施設を整備することによって、現地の大気、水、植物などの

---

1) J. O. Segrave and D. Chu (eds.), *The Olympic Games in Transition*, Champaign, Illinois: Human Kinetics Books, 1988, p. 208.
2) 任海「論奥運会対挙弁城市和国家的影响」『体育與科学』第 27 巻第 1 期、2006 年 1 月、4-5 頁。

自然環境が大きく改変され、破壊された。このような環境にもたらされた影響により、環境主義運動が盛んになってから、スポーツ界と環境保全団体に高い関心が抱かれるようになった。

　現代の環境汚染は工業化によって生じ、工業化が進むにつれてさらに悪化していく。第2次世界大戦後、世界経済の復興とともに、工業化は環境汚染と生態悪化を浮き彫りにした。ヨーロッパ、アメリカと日本においては、世界を震撼させた八大公害の事件が相次ぎ、現地の人々の健康が脅かされた。人々は発展の窮極の目的を反省し、世界規模の環境保全運動を巻き起こした。政府は一連の汚染防止、環境保全の対策を定めた。環境保全に力を入れる非政府組織（NGO）も現れた。ヨーロッパの多くの国では緑の党が結成され、政治にも関与するようになった。多くの場合、環境問題は民族、国家の範囲にとどまらずに、世界規模の性質を持っているので、国際社会も積極的に環境保全事業に携わるようになった。1972年に国連人間環境会議がストックホルムで開かれ、1987年には『我ら共通の未来』という報告書の中で初めて「持続可能な開発」という新しい理念が掲げられた。この持続可能な開発とは、「将来世代のニーズを満たす能力を損なうことなく、今日の世代のニーズを満たすような開発」のことである。1992年に、環境と開発に関する国連会議がリオ・デ・ジャネイロで開催され、「アジェンダ21」が策定された。世界各国が環境保全を考慮した節度ある開発といった持続可能な開発を進めるように提唱された。

　環境主義の流れの中で、オリンピックが時代とともに進むという特徴が再び現れた。早くも1972年のミュンヘンオリンピックで、組織委員会は「健全な環境の中で健全に競技する」というスローガンを掲げた。国際オリンピック委員会（以下、IOCと略す）は、各国内オリンピック委員会に対し、自国から1本の高木または低木を持ってきてオリンピックパークに植えるように要求した。同年、冬季オリンピックのために建設される各施設によって現地の自然環境が破壊されることへの現地住民の懸念から、アメリカのデンバー市が第12回の冬季オリンピックの開催権を放棄せざるを得なくなった。環境への配慮から開催権を放棄したのは史上初めてのことである。この事態は、間違いなくそれまで環境を軽視してきたオリンピ

ックに警告の鐘を鳴らした。

　その後、毎回のオリンピックは環境保全の面において成果を挙げている。例えば1988年のソウルオリンピック大会では、準備期間中に「都市美化計画」を大規模に実施することにより、石炭燃料の3分の2の量を減少させ、大気中の粉塵と二酸化硫黄の含有量を減少させた。また沖積した土砂を一掃し、汚水を処理することによって、漢江の水質が改善され、国際基準の2級に達した。さらに、ソウルでは敷地面積が693万m^2もある公園が作られ、3000万本もの木が植えられたことによって、ソウルがきれいな庭園都市に変わった。最も成功したのは長野冬季オリンピックとシドニーオリンピックである。1998年の長野冬季オリンピックでは、「人類と自然との共存」というスローガンのもとに、オリンピックと自然環境との高度な調和が強調された。競技場施設、交通運輸などの面において環境保全の基準が厳守され、省エネと排出量削減、生態保護、環境教育などの面においても大きな進展があった。例えば、国立公園を守るために、計画中の競技用の滑走路の建設が中止された。廃棄物を減らすため、「白色汚染」を生むプラスチック食器の対策が実施された。2000年のシドニーオリンピックでは「グリーンオリンピック」という新しい理念が提唱された上に、確実に実行された。資源エネルギーを節約したばかりでなく、絶滅のおそれのある動植物を保護することもでき、廃棄物のリサイクルの代表的な事例にもなった[3)]。シドニーオリンピックでは開催期間中に約3万トンもの温室効果ガスが減らされた。選手村ではエネルギー使用量が半分に減らされ、前回のオリンピックより1600万枚の紙も節約できた。水についても再利用設備が設置されたため、毎年8.5億リットルもの節約ができるようになった[4)]。IOCのサマランチ会長（当時、以下同じ）は閉会式で、「これ以上良くなりようがない史上最高のオリンピックであった」と絶賛した。また大会の主催者側も、「今回の大会は最適な場所で最適な時間に最適な方式で最適な舞台を作り出した」と述べた。その時宜に合った舞台とは、主にグリーンオリ

---

3) 何永「悉尼的緑色奥運」『北京規劃建設』2001年第2期、54-57頁。
4) 任海主編、全国体育教材委員会審定『奥林匹克運動』人民体育出版社、2005年、369頁。

ンピックを指して言ったものである。

1.2　グリーン化への対応

　オリンピックの開催都市が積極的に努力すると同時に、IOCも一連の対策を実施し、オリンピックのグリーン化を推進してきた。1991年にはオリンピック憲章に、環境問題に真摯に関心を持った上でオリンピック大会を開催するよう努力し、2000年からはすべてのオリンピック開催候補都市は環境保全計画に関する報告書を提出しなければならないといった内容が改定追記された。他方、1992年に環境と開発に関する国連会議が開催され、「スポーツと環境」に関する討論に時間が割かれた。同会議でサマランチ会長は、環境に配慮することをオリンピック主義の第3条項の内容（スポーツ、文化、環境）として定めるべきであると主張した。1994年にIOCは、環境保全活動をスポーツと文化と併せてオリンピック運動の三本柱の1つにすると正式に発表した。その上で、「スポーツと環境委員会」が設置された。この委員会の使命は、IOCに対する環境保全政策の建議を提出し、オリンピック開催候補都市に対する環境保全の評価基準の設定に責任を持つことである。1996年に採択された「オリンピック憲章」の中では、環境保全に関する内容が強化された。すなわち、IOCの基本的な使命の1つは環境保全であり、IOCは環境への責任感を奨励し、支持し、スポーツ界における持続可能な発展を促進することに努める。そしてこの原則のもとにオリンピックを運営するように開催都市に要求した[5]。1999年のIOC総会では「オリンピックムーブメンツ・アジェンダ21」が採択され、オリンピックにおいて、持続可能な開発戦略が全面的に実施されるようになった。

　環境と開発に関する国連会議（リオ・サミット）で採択された「アジェンダ21」に基づき策定された「オリンピックムーブメンツ・アジェンダ21」の中では、持続可能な開発という視点からオリンピックおよびスポーツと環境との関わりが新しく定義された。オリンピックムーブメントのメンバーは、地球の持続可能な開発を促進する面において積極的に行動し、それぞれの政策、活動に持続可能な開発を取り入れ、スポーツ活動と生活

方式が地球の持続可能な開発に役立つことができるよう確保すべきである。IOCのスポーツと環境委員会は、国連環境計画、環境NGOと緊密に協力し、女性、青年と現地住民、特に有名なスポーツマンの役割を積極的に生かし、スポーツと環境との調和のとれた発展を推進する。具体的にいえば、競技場を建設する前に環境影響評価を行うことが望ましい。競技場の建設にあたっては、自然保護区、文化遺産と天然資源などを損なわないことを前提にしなければならない。オリンピック開催期間中は、住宅、水や食物の供給および廃棄物などについて最大限に循環利用しなければならない。また、これらに関する生物資源を保護し、生物の多種多様性を維持しなければならない[6]。それに基づき、IOCは開催候補都市に環境保全の面においてきわめて具体的な要求を提出した。

　IOCは開催候補都市に、現地の環境政策と管理体制を説明する図表と簡単な書類を提出するよう要求する。そして、法により定められた当局によって、同オリンピックの開催について該当国・地域が署名、決定したすべての環境法規の遵守を示す正式な保証書類が発行されなければならない。現地の環境の健全さ、保護地域、文化遺産および生じうる環境破壊などを説明する環境状況に関する報告書を提出しなければならない。最も重要なのは、オリンピック環境保全行動計画書を提出することである。その中には、人々への環境意識、現地の環境組織の喚起、将来採用する予定のある環境技術、例えば排気、排水、廃棄物の処理などの内容が含まれる。また、IOCは調整委員会を設立し、開催都市が決まるとその調整委員会は、運営の全過程を密接に追跡し、各項目の環境保全承諾の実施状況を監督し、オリンピックが環境への配慮と持続可能な発展の枠内でスムーズに行われることを確保する。

　以上に述べたように、現代のオリンピックと環境保全とはお互いに補完し合っている。工業化が進むとともにオリンピックが環境に与えるマイナ

---

5) IOC, Olympic Charter, mission and role of the IOC, 13.
6) Sport and Environment Committee of the IOC, *Olympic Movement's Agenda 21: Sport for Sustainable Development*, pp. 21–45.

スの影響が大きくなってきた一方で、環境主義運動が盛んになることはオリンピックを環境にやさしいオリンピックに転換させるきっかけとなる。グリーンオリンピック理念の形成は人類のオリンピック主義に対する認識の深まりでもあるし、オリンピックが持続可能な発展を実現するための客観的な要求でもある。グリーンオリンピック理念のもとに、オリンピックはきっと人類と地球との調和のとれた模範効果のあるモデルになるといえるだろう。

2　2回の北京オリンピック招致と環境

2.1　2000年オリンピック招致敗北の原因

　北京のオリンピック招致はスムーズに成功したというわけではなかった。1回目の2000年オリンピック招致のときにはわずか2票の差でシドニーに敗れた。2回目は2008年オリンピックの開催権を獲得できた。この敗れたことも勝ったこともみな環境と緊密に関わっている。

　1993年9月24日に、IOCのサマランチ会長はモンテカルロで2000年の第27回夏季オリンピックの開催地をシドニーに決定すると公表した。自信のあった北京はこの現実を冷静に受け止めたが、決して心の底から望んだ結果ではなかった。苦痛の後に反省した結果、いろいろな面から教訓を得た。まさに当時北京オリンピック招致委員会副主席だった張百発が鄧小平に報告したときに言ったように、ある国が故意に邪魔をした。その国がアメリカである。1993年6月10日にアメリカ下院外交委員会人権小委員会で口頭の決議が通過し、人権問題に名を借りて、北京または中国のいずれの都市でも2000年オリンピックを開催することに反対していた。開催国決定の投票の前に、欧米のメディアは中国がもし招致に成功しなければアトランタオリンピックを排斥するおそれがあると宣伝し、モンテカルロで強烈な反響を引き起こした。しかし、これらはただ表に出た現象に過ぎない。その裏に潜んでいる原因は、欧米の1989年の「六・四事件（第2次天安門事件）」後の中国に対する不信と敵視である。このことは投票の際に完全

に反映された。中国はモンテカルロで孤立させられ、敵視された。欧米諸国は一丸となり、ベルリン、マンチェスター、イスタンブールが開催権を獲得できなかった時点で、北京に目を向けずにシドニーを支持したと、当時現場にいた記者の師旭平は振り返っている。冷戦終了後、IOCはオリンピック運動の非政治化に力を入れたにもかかわらず、新帝国主義がやはりスポーツ界で現れた。しかも、それが問題の全部ではないということも明らかになった。

　シドニーオリンピック招致委員会の主張と比べた場合、当時の北京の致命的な弱点は環境汚染の問題であった。専門家の分析によれば、北京に不利でありかつシドニーに最も有利である「環境保全問題」は、北京の招致が失敗に至った原因の中に含まれている[7]。1回目のオリンピック招致の際に北京がIOCに提出した環境に関する一次資料は入手することができなかったが、北京はきっとIOCの要求に基づいて確約したに違いない。しかし、問題点が2つある。1つはこれらの約束がシドニーほど全面性と実行可能性を持っていなかったこと、もう1つはこれらの約束はIOCからの信頼を得ることができなかったことである。当時の北京の招致スローガンの中では、中国は悠久な歴史を持つ国であること（歴史のある有名な都市、時代の盛会である）、20年余りの改革開放を経てオリンピックを待ち望むこと（開放の中国はオリンピックを待ち望む）、オリンピックの開催を通じて世界との距離が近づけられること（中国のチャンス、北京の誇り）、全人類の平和と発展の事業（調和的に発展し、新世紀を迎える）といった内容が強調された。一方で、シドニーでは五輪史上で初めて「グリーンオリンピック」が主張され、「環境保全主義、新しいオリンピック精神」という時代の意義を持つスローガンが掲げられた。また、運営期間中に世界初の3つの「グリーン」計画を実施することが公約された。すなわち、産業廃棄物のゴミ捨て場で史上最大規模のオリンピック公園が建設された。前例のない、太陽熱を利用する環境にやさしい体育館と選手村が建

---

7) 鄭俊傑「2000年オリンピック招致、北京はなぜ失敗したのか」『オリンピック季刊』26号、1994年、14-18頁。

設された。道路を整備する際、現地のグリーン＆ゴールデン・フロッグが通行するために、地下に通路を作るという工夫も施された。以上のように北京をシドニーと比べてみれば、環境保全をますます重視してきたIOCが前述した結論を下した理由が容易にわかるであろう。

　環境問題についてシドニーと北京の間でこれほど大きな差異が生じたのは、両国の環境保全状況の現れである。シドニーは世界でも有名な旅行環境保全都市であるのに対し、当時の北京は世界十大汚染都市の1つである。オーストラリアは土地が広くて人口が少ない国であるのに対し、中国は人口が多い発展途上国である。1994年に公表された北京環境状況公報によれば、北京の工業用廃水の排出総量は3億7020.5万トン、都市汚水の排出総量は8億7162万トンで、前年より1.8%増えた。排気ガスの排出総量は3163.9億m^{3}で、前年より4.2%増えた。市内の大気汚染が比較的深刻で、窒素酸化物による汚染が深刻になり、光化学オキシダントによる汚染のおそれが依然として存在している。また、空気中に砂塵が漂う状態が何回もあった。1994年の北京郊外の総浮遊粒子状物質と粉塵量は、前年よりそれぞれ13.5%と18.4%増えた。都市部の騒音汚染は依然として厳しい状態にあり、平均交通騒音は71.7デシベルに達している。市民は空気と騒音による汚染を強く訴えている[8]。

　前述のように、1993年に多くの環境汚染対策が打ち出されたにもかかわらず、北京の環境状況は依然として悪化していっていることが明らかになった。事実として、これは北京だけの問題ではなく、当時は中国全体が「発展こそが譲れない道理である」という発展段階にあったからである。中国共産党と中国政府は、執政の合理性を実現するために経済発展を積極的に推進する一方で、環境保全を十分に重視していなかった。中国では、多くの環境法規と政策を公布し、多数の国際的・地域的な環境協定に調印したにもかかわらず、経済成長が最も重視されていた当時に、これらの政策は実際には実施されていなかった[9]。そのため、中国の環境汚染と生態破壊はますます悪化している。この意味では、招致に失敗した経験は警告の鐘を鳴らし、北京に環境保全を重視する機会を与えた。

2.2　2008年オリンピック招致に向けての戦略

　1回目の招致失敗の教訓を汲み取った上で、2008年オリンピック招致が決まった後、北京はオーストラリアの渉外機関とシドニーからボランティアとエンジニアを招いた。そこで北京オリンピック招致委員会の劉敬民副主席は、「我々にとって今回の招致はゼロからのスタートというわけではなく、前回の教訓とシドニーの経験を踏まえた上でのスタートである」と述べた。それだけではなく、北京は環境保全の面において確実に行動し、素晴らしい成果を遂げることができた。1998年から2001年にかけて、北京市では36億ドルが環境の改善に投資され、天然ガスの使用量は3倍も増え、都市汚水の処理量は倍増し、都市ごみの無害化処理率は30％アップすることができた。夏季と秋季の大気の質は改善され、すでに国家の環境基準に達した。それは、オリンピックと環境が両立することを求める決意と勇気の証でもあり、IOCから信頼を得ることもできた。数年間にもわたる経済発展と環境整備を経て、北京は2008年オリンピックの主催都市が選定される会場へ自信満々に向かった。北京で掲げられた「新しい北京、新しいオリンピック」というテーマ、「環境にやさしいオリンピック、科学技術のオリンピック、人文のオリンピック」という理念、および「一つの世界、一つの夢」というスローガンは多くの人々の心を動かした。1回目の招致内容と比べると、今回の招致は時代の流れに相応しいだけではなく、中国文化とグローバル化との完璧な融合も実現できた（「天人合一」と持続可能な開発との融合である）。世界の人口の5分の1をも占める中国でオリンピックが開催されることは、きっと中国、そしてスポーツ界に独特な遺産を残すことができるだろうとIOCは固く信じた。2001年7月13日に北京は宿願を果たし、2008年オリンピックの開催権を獲得した。

　環境について、北京オリンピック招致委員会は申請書類の中で環境保全に関する目標と実施可能な具体的な政策を取り上げた。目標として

---

8) 北京市環境保護局『1994年北京市環境状況公報』。
9) Bao Maohong, "The evolution of environmental policy and its impact in People's Republic of China", *Conservation and Society*, Vol. 4, No. 1, March 2006 を参照。

は、2008年オリンピックのために良い環境を提供し、オリンピックを開催することが生態システムにマイナスの影響を与えないように保証する。2008年オリンピックを正真正銘な「環境にやさしい」祭典にすると同時に、オリンピックを通じて北京市の持続可能な発展を推進する。そこで、オリンピック招致委員会は環境生態部を設立し、オリンピックに関わる環境と生態系保全の業務を担当させる。準備、開催中、開催後といったすべてのプロセスにおいて、戦略的環境アセスメント（SEA）と環境影響評価（EIA）を導入し、評価の結論に基づいて環境管理計画（EMP）を制定するよう要求する。また、1998から2007年にかけて122億ドルを投資し、2008年までに20件の重大な環境保全プロジェクトを完成する。クリーンエネルギーの利用、交通汚染の防止、大気の質の改善、汚水処理の対策と再利用プロジェクトの実施、固体廃棄物汚染の防止、名所旧跡の保護、植林、生態系の良性循環の促進、環境教育および環境意識の重視などの面において、環境にやさしいオリンピックの諸基準に達するようにとのIOCの要求を、北京市は正式に承諾した[10]。

『北京オリンピック行動計画』の中で、前述した各種の目標はすべてさらに細かく規定された。具体的にいえば、大気汚染を防ぐ面においては、2008年までに、市内の大気に含まれる二酸化硫黄、二酸化窒素、オゾンの指標は世界保健機関のガイドラインの値に達するように、粒子状物質の濃度は先進国の大都市のレベルに達するようにと規定された。煤煙型汚染を防ぐ面においては、2008年までに石炭とコークスが最終のエネルギー消費構造の中に占める比率を20％以下にまで下げ、天然ガスの年供給能力が50億m^3に達するようにと規定された。自動車排ガス汚染防止の面においては、2008年までに、新車の汚染物排出量がユーロ3自動車排出ガス規制の基準になるように、工業汚染を防ぐ面においては、2008年までに東南郊外にある化学工業区と四環線道路以内にある約200軒の汚染企業の調整移転を完成し、首都鋼鉄公司は鉄鋼の生産量を200万トン減産することと構造調整の目標に達するようにと規定された。水汚染の面においては、2008年までに市内の汚水処理率が90％以上に達するように、騒音防止の面においては、同じく都市部の騒音が基本的に国家の基準に達するようにと

規定された。生態環境の整備の面においては、植林と緑化を通じて2008年までに、緑の山、きれいな水、緑の大地、青い空と生態都市の目標を実現し、オリンピック開催の基準に達するようにと求められた[11]。7年以内という短い期間で上記の目標に達成するのは相当難しいのである。そのため、オリンピック招致委員会は北京市環境保護局をはじめとする20カ所の環境保全団体と共同で『グリーンオリンピック行動計画』を策定した。

2.3 「グリーンオリンピック」実現に向けての体制

『グリーンオリンピック行動計画』の中にある重要な内容の1つは、政府、国家機関・企業、環境保全団体、民間組織、市民などが環境保全の中で果たす役割を生かすということである。オリンピック招致委員会は、政府部門、国家機関・企業、環境保全社会団体と民間組織、市民がメンバーとなる「環境にやさしいオリンピック行動計画会議制度」を制定し、三方からなる連動体制を構築した。環境汚染の防止と生態建設を実現するだけでなく、環境保全の宣伝教育も実施する。それを通じて、市民の環境意識を絶えず高め、一人ひとりが環境を保全し、そのために行動するという良い社会風土を作るように努める。政府部門は環境保全計画・政策の策定と実施に責任を持つと同時に、政府各部門、国家機関・企業、環境保全社会団体と民間組織の行動を調整しなければならない。国家機関・企業は、政府が制定した期限内の改善、総量削減、「閉鎖・操業停止・移転」などの汚染防止の命令を遵守し、関連する環境保全のための法律、法規および基準と各自の生産と事業の特徴に基づき、生産活動を行わなければならない。環境保全社会団体と民間組織はオリンピックの招致と開催を支持しなければならない。またそれに関連する環境保全政策の制定に参加し、政府、国家機関・企業が環境保全の役割を果たすのを支持し、監督しなければならない。さらに、各自の専門分野の特徴を生かし、該当団体・組織のメンバーが自ら行動するように呼びかけ、該当団体・組織レベルのグリーンオリンピッ

---

10) 北京奥申委「北京2008年奥運会申弁報告」の"環境保護"専題。
11) 北京奥申委「北京奥運行動規劃」の第3部分"生態環境和城市基礎設施建設"。

ク環境保全活動を計画し、市民規模の環境保全活動を指導し、グリーン行動計画と環境保全宣伝教育の活動を展開する。多くの市民は、どのような形でもグリーン行動計画の制定と実施に参加し、監督することができる[12]。

公衆参加は、グリーンオリンピック行動計画を制定し、実施するための根本的な保証であるといってもよい。しかし、現行の中国の政治体制のもとにあって、この計画は明らかにトップダウン方式で、政府主導の秩序ある参加であった[13]。

以上の内容をまとめると、2回のオリンピック招致の失敗も成功も、オリンピックが環境と密接に関わっていることを示している。環境にやさしいオリンピックはすでに時代の流れとなった。北京の環境保全事業の発展には中国独自の特色があるにもかかわらず、確実に進展していることはIOCによっても認められた。北京はさらに確実な行動を通じて、環境にやさしいオリンピックを開催するという約束が実現可能であることを証明する必要がある。

3 グリーンオリンピック・イン・北京

3.1 グリーンオリンピックのための具体的対策

2000年12月21日、カナダ・トロントの全国紙"The Globe and Mail"に「煙霧とほこりの中にある北京オリンピック招致」という記事が掲載された。同記事は、深刻な環境問題が2008年北京オリンピック招致の最難関であると指摘した。さらに、北京が招致に成功したとしても、その空気状況は約束された基準に達することがほぼ不可能であるため、オリンピック期間中は、中国建国50周年記念式典の前と同じように、「事前にすべての工場の稼動を停止し、すべての自動車の走行を禁止する」という可能性が大きいと予言した。また、カナダの新聞"SLAM! Sports"には、「北京の空気の質が悪いため、呼吸器に問題がないスポーツ選手でも息切れのおそれがあり、これが競技の成績に影響することもありうる」というような内

容も掲載された。果たして実際の状況はどうなっていたのか。

　2008年オリンピックの開催権を獲得した後、北京市政府は迅速に行動し始め、申請時の約束どおりに、環境汚染対策と生態建設プロジェクトを真剣に進めてきた。北京市政府はオリンピックのリズムと基準に合わせて「北京市『十一五』期間環境保全と生態建設規劃」を調整し、2008年までに都市部の環境状況および近郊地域の生態環境全体の環境状況を改善した上で、オリンピックに清潔・良好な環境を提供することと、2010年までに、都市部における環境要素ごとの環境状況を基本的に国家基準に到達させた上で、「住み心地のよい都市」と「生態都市」を構築する土台を築くことを目標とした[14]。このことから、北京市政府はグリーンオリンピックを実行することだけでなく、オリンピックを契機に、北京市の環境保全と持続的な発展が絶えず「さらにレベル高く、さらにスピード早く、さらに力強く」続くことを狙っていることがわかる。

　北京オリンピック組織委員会は、「エネルギー整備と構造調整におけるプロジェクト専門規劃」、「生態環境保全プロジェクト専門規劃」、「北京オリンピック組織委員会環境マネジメント・システム・ハンドブック」、「北京オリンピック組織委員会環境全体規劃」、「北京オリンピック組織委員会グリーンオフィス・ガイドライン」、「オリンピックプロジェクト環境保全ガイドライン」、「北京オリンピック・ホテル・サービス環境保全ガイドライン」、「オリンピック増改築プロジェクト環境保全ガイドライン」、「オリンピック臨時建設プロジェクト環境保全ガイドライン」等、一連の行動指針を制定し、日常事務、プロジェクト建設、宿泊接待などの分野において、省エネ・非汚染性・再生可能なエコ・プロダクツとエコ技術を選択することを奨める。そして、2006年10月11日に、北京オリンピック組織委員会は環境マネジメントシステム・ISO14001認証を取得した。

　オリンピック会場を建設する際、「グリーンオリンピック」の理念が明

---

12) 北京奥申委「緑色奥運行動計画」の第4部分 "緑色奥運行動計画的組織和実施"。
13) Bao Maohong, "Environmental NGOs in transforming China", *Nature and Culture*, Vol. 4, No. 1, Spring 2009 を参照。
14) 北京市環境保護局「北京市"十一五"時期環境保護和生態建設規劃」。

示されている。その中で最も注目されたのは、国家体育場（通称：鳥の巣）と国家水泳センター（通称：水立方）である。これらの会場は外観デザインが新奇かつ立派なだけでなく、省エネと環境保全にも配慮され、デザイン・建設・利用の全段階で、「環境配慮」と「持続可能な発展」の精神が貫かれた。また、自然エネルギーと再生可能エネルギーが十分に利用され、再生不可能なエネルギーの使用が最小限に抑えられた。例えば水立方の屋上のデザインの中で、日照が最大限に室内に取り入れられる（毎日自然光による照明が10時間も続く）ほか、国際的に最も先進的なソーラー発電マイクログリッドを導入した太陽光の光電利用が行われた。また水資源の利用において、先進的な汚水処理技術が導入されたことで、水の再生利用率が95％以上に達した[15]。そして節水も重視され、降水や中水を十分に利用し、水資源を巧みにかつ効率的に利用することが実現された。さらに、建築材料やリフォーム材料および完成品に関して、省エネ・環境保全型製品を選ぶことによって、市内環境への汚染が最小限に抑制された。そのほか、会場の室内環境の質を確保するため、自然的な通風手段が十分に利用され、人工的な機械による通風は可能な限り避けられた。夏季のエアコンと冬季の暖房についても、フロンなどの温室効果ガスを含有する製品は一切使われなかった。以上の措置から見れば、オリンピックの会場はグリーン建築と呼ばれても過言ではない。

3.2　大気汚染の改善方策

　北京市政府は大気汚染状況を改善するために大いに力を入れた。まず2002年から2006年までの間、北京市政府は重点工業の大気汚染源に対する管理を強化し、立ち遅れた生産技術を淘汰してエネルギー高消費企業を閉鎖または移転させることにより、エネルギーの使用量を有効に削減した。その結果、北京市では全体的にエネルギー大量消費・汚染度が高い144の企業が移転・調整され、27種類の伝統工業製品の生産が停止された。また、規模の小さいセメント、ガラス、製紙、鋼鉄企業がほとんど閉鎖された。例えばコークス化学工場は2006年に生産が正式に停止され、移転された。「十一五」期間中、首都鋼鉄公司や北京化二株式会社などの重要なエネル

ギー大量消費企業も段階的に移転・調整させることとした。さらに、北京市では2004年に一般向けの「北京市自動車用ガソリンの地方基準」と「北京市自動車用ディーゼル・オイルの地方基準」が公表され、2005年にユーロ3自動車排出ガス規制も実施された。その後、これらの基準を満たす燃料製品を使うことによって、自動車の排気ガス汚染は大幅に改善された。ユーロ2自動車排気ガス規制に比べて、ユーロ3規制をクリアした自動車の排気ガス汚染量は約40%低減することができる。2006年には北京市営バスの一部に対して、ユーロ5規制よりも厳しい基準をクリアすることが求められるようになった。これをユーロ3規制と比べると、窒素酸化物は60%減で、粒子状物質の汚染は80%も低減させることができる。

　1998年から実施されてきた13段階に分かれた200項目以上の大気汚染対策によって、北京市の大気状態は著しく改善された。2001年に、都市部の大気の中で二酸化硫黄、二酸化窒素、一酸化炭素と吸入性浮遊粒子状物質の濃度は、1年間の測定を通じて得られた1日平均値として、それぞれ$1m^3$当たり0.064mg、0.071mg、2.6mgと0.165mgであったのに対して、2006年になると、各項目における値はそれぞれ$1m^3$当たり0.053mg、0.066mg、2.1mgと0.161mgとなった。北京市の空気の質が2級または2級以上となる日数は2001年の185日から、2007年の246日まで増えた[16]。政府資料の『北京市2007年直接に市民生活に関わる重要かつ具体的な仕事の予定』の中に、大気の質を持続的に改善することは市政府が市民のために行う最初の仕事で、都市部における空気の質が2級または2級以上となる日数は年間総日数の67%を占めるようにするという内容がある。また北京市では、すべてのスポーツ会場の冷房設備・消防機材・建築材料等の面において、オゾン層を破壊する物質の使用が禁止された。この行動は、国連環境計画（UNEP）の専門家が行う監督および審査によって認可を得て、「北京オゾン層友好運動会」の成果も高く評価された。また、北京市が行

15）劉淇「在北京奥運会籌弁工作報告会上的講話」『北京日報』2007年8月9日。
16）北京市環境保護局『2001年北京市環境状況公報』と『2007年北京市環境状況公報』の「大気環境」による。

っている大気汚染対策は多くの市民からの支持を得た。『2006年北京市公衆環境意識調査報告』によれば、66.7%の回答者は北京市が行っている大気汚染対策による改善効果に対して、プラスの評価を行っている[17]。

3.3　水問題への対策

　水資源が不足している北京市では、グリーンオリンピックを実現するために人間社会と水資源を両立させる治水の方法が探り出された。まず、汚水処理率が高められた。2001年から2006年まで、北京市では14カ所の汚水処理場が建設された。3カ所の既存汚水処理場と合わせ、その汚水処理能力は291.4万トン/日となり、オリンピック招致当時の約束であった268万トン/日という目標を超えている。そして、北京市では工業、緑化、河川、湖沼等に再生水を利用して補充することが促進された。オリンピック地域でも再生水が大量に利用されている。2008年には、再生水の年間利用量は6億m^3となり、都市部の再生水利用率は50%に達する見込みである。第3に、北京市は水環境の改善において、都市部における河川の整備だけでなく、上流部の面源における農薬・化学肥料およびごみ・汚水の管理も強化した。さらに、北京市では「南水北調」というプロジェクトが実施されることによって、毎年北京に3〜4億トンの水が供給され、北京の水不足の状況が改善され、オリンピックへの水の供給を保障することが図られていた。これらの保障対策によって、北京市の水環境は大いに改善され、オリンピックの基準に達しただけでなく、北京市の将来の発展に対して良好な水環境インフラも作り上げられた。

3.4　ゴミ問題対策

　北京市ではごみに対する無害化および資源化処理が行われた。『北京市生活ごみ処理白書』によって、ごみ処理に関する構想は、「衛生埋め立てを主とする」ことから「生活（家庭）ごみの減量化・資源化・無害化を促進することに力を入れる」へと調整された。まず、ごみの分別制度が積極的に推進された。北京では早くも1957年にごみ分別の概念を提起している。最近、北京市市政管理委員会は、研修セミナー、宣伝・指導ハンドブ

ック、経験の共有を内容とするDVDなどを通じて、ごみの分別に関する呼びかけおよび教育訓練を行っている。また、ごみの無害化処理が行われた。オリンピック期間中のスポーツ会場や選手村および関連する公共の場のごみ焼却処理問題に対応するために、北京市高安屯では1日当たり生活ごみ1600トンを処理できるごみ燃焼発電所が設立された。この処理方法によれば、容積で90%、重量で80%を削減することができるほか、焼却によるダイオキシンの生成も最小限に抑えることができる。第3に、処理によって、ごみの資源化が実現された。例えばグリッド発電システムが設置された阿蘇衛都市の生活ごみ埋立処分場におけるメタンガス発電プロジェクトは、年間でメタンガス約1300万m^3を適切に処理することができる。それによりこれまでの「有害ガス」であるメタンを資源化するだけでなく、北京市にある約1.7万世帯の年間電気使用量を供給することができる。つまり標準石炭の使用量でいえば、年間1.3万トンを減らすことができた。それに温室効果ガスであるメタンを石炭化学燃料の代替品とさせた。これらの対策によって、北京市内の衛生環境が改善され、資源の循環利用も実現された。

3.5 生態建設と環境教育

　北京の生態建設も予定通りに着実に進んだ。北京の大気の状況に最も影響が強く、かつ最も心配されるのは砂塵嵐である。北京への砂塵を防止するため、中国政府は2000年に北京・天津風砂源改善プロジェクトを始め、558.6億元を投資した。7年ほどの建設期間を経て、プロジェクトの地域では植被被覆率が大幅に増加し、砂漠化の面積は徐々に減ってきて、グリーンオリンピックの開催に向けて良い自然環境が作り上げられた。北京市における林地総面積は、2000年の93万ヘクタールから2006年の106.6万ヘクタールに増加しており、森林被覆率は41.9%から51%まで増えている。北京山岳地域における林地総面積は、74.3万ヘクタールから89.7万ヘクタールに増加し、林木率は57.23%から69.52%まで増えている。

---

17) 北京市環境保護宣教中心『2006年北京市公衆環境意識調査報告』。

都市部の緑化率は36%から42.5%まで増えてきた。「五河十路」グリーンベルトといわれるプロジェクトは、首都平原における生態系ネットワークを構築する際の核心部分であり、2007年末までに、累計長さ1090万km以上、面積で2万5157.07ヘクタールに達している。2006年末までに、「緑化隔離帯」の総面積は126.41km^2（1万2641ヘクタール）に達し、植栽の高木・低木は3000万本を超えている。また、自然保護区が20カ所建設され、総面積は13.42万ヘクタールとなり、北京市面積の8.18%を占めている。さらに山岳地域・平原・都市部の緑化隔離帯からなる3つのグリーンベルトが整備され、緑に囲まれる北京という基本目標が実現された。2007年末までに、北京市園林緑化局が担当しているオリンピック招致報告の中にある緑化整備関連指標は、すべて前倒しで達成された[18]。

　北京市では環境教育が絶えず推進され、市民の環境意識は速いスピードで高まっている。北京オリンピック組織委員会は元中国国家環境保護総局、共産主義青年団中央委員会、教育部および影響力のある関連環境NGOと協力し、グリーンオリンピックについて多彩な宣伝活動を行った。その特徴として、地域コミュニティおよび多くの学校とのコミュニケーションを深め、仕事を確実に進展させた結果、その効果も顕著である。例えば『グリーンオリンピック中学生環境教育テキスト』の中では、「グリーンオリンピック」と環境保全の知識が伝達されている。ただ今からすぐに、身の周りにある小さいことから、自分自身の行動および周囲の人たちへの呼びかけなど、環境保全の責任と道徳に対する意識を育て、人間と自然の調和という新しい理念に対する青少年の行動・情熱を育んでいる。北京市市民、青少年は自主的に「グリーン交通でオリンピックを迎え、月に1回はノーカー・デー」というスローガンを掲げ、「自転車北京」というイベントを実施し、より多くの市民に「自分自身から、自分の力に応じて、小さいことから」努力し、北京グリーンオリンピックのために貢献するように呼びかけている。北京の青少年・児童は、自ら行動するだけでなく、絵画コンクールなどの形式を通じて、世界各国の小さい仲間たちに自分の心の中にある「グリーンドリーム」を表現するように呼びかけている。

　これらの活動によって、北京市民の環境意識と環境活動の参加率が有効

に高められた。『2006年北京市公衆環境意識調査報告』によると、回答者の82.9%は普段から環境保全に関心を持ち、97.9%は「環境保全は市民の義務である」という言い方に賛成する。また82%の回答者は自ら環境保全活動に参加したことがあり、同時にこの形で「一日の環境保全ボランティア」をしてみたいという回答者の割合が31.1%高くなった。さらに、これらの活動によって、グリーンオリンピックという理念の種は世界中の青少年・児童の心の中に蒔かれ、グリーンオリンピックの理念・行動が持続的に発展していくための堅固な土台が築かれた。

3.6 懸念の払拭

以上で述べたように、北京市の生態環境は数年間にもわたる改善と建設によって、引き続き大きく変貌した。その環境の質は、現在では基本的にグリーンオリンピックの基準を満たしており、さらに「住み心地の良い都市」と「生態系都市」に変わっていくための土台が確かに作られてきている。それと同時に、北京市はその実際的な行動をもって、環境・スポーツと文化を趣旨とするオリンピック精神を伝えようとした。IOCの環境専門家であるシモン・バルデルストン（Simon Balderston）とオラブ・マイルホルト（Olav Myrholt）は、2007年5月28日に北京オリンピックの準備状況を視察した後、北京市の環境面での努力を高く評価した。そして、IOCのスポーツと環境委員会理事長のパル・シュミット（Pal Schmitt）も、北京市が2008年夏季オリンピックをグリーンオリンピックにすることを信じていると表明した。また、IOCのジャック・ロゲ（Jacques Rogge）会長は、2007年8月7日に北京オリンピックの準備状況を考察した後、アメリカCNNの特別取材を受けたときに次のように答えた。「私は皆様と同様に心配している。それは北京の天候と環境、特に大気の質に対する心配である。……皆様の気持ちは理解できるが、北京も最大限の努力をしてい

---

18) 北京市園林緑化局副局長の張健が2007年8月7日に中国国家林業局が主催した「林業とグリーンオリンピック」に関する記者会見で発表した「グリーンオリンピックを主催し、生態都市を構築する――北京は07年にオリンピック招致のために約束したグリーン基準を全部達成する――」という報告による。

る。」[19] さらに、米国五輪委員会（US Olympic Committee：USOC）のスティーブン・ローシュ（Steven Roush）は、「北京の大気の質は良くなると信じております。中国政府はますます環境保全を重視し、北京の大気の質も改善されつつある。われわれは北京の大気状況を監視・測定する専門家を常設しているので、オリンピック期間中、北京の大気状況は問題ではないと思う」と述べ、北京における環境問題の改善に対して、楽観的な態度を示した[20]。

4　北京オリンピックのグリーン遺産とその意義

4.1　グリーンオリンピックの物質的・精神的遺産

　北京市では多数かつ有効な対策が取り入れられ、環境の管理と改善が図られたにもかかわらず、オリンピックが開会する前には、北京の大気状況を依然として疑う国際的なメディアがあった。ひいては、いくつかの単一種目の国際的なスポーツ組織は、競技開催の時間を変えようとした。もっと滑稽なのは、ごく少数のアメリカ選手例えばボビー・リー（Bobby Lea）などはマスク姿で北京国際空港に現れたことである。オリンピック閉会後、北京は事実をもって不信を払拭し、アメリカ選手は中国オリンピック組織委員会に対して謝罪した。また、国際グリーンピースが発表した『北京を超え、2008年を超えて』と題した北京オリンピック環境評価報告書には、北京がグリーンオリンピックを実現するために尽くした努力と投入した資金は、いくつかの分野ではシドニー、アテネを含む先進国の開催都市よりも上回った、北京市で登場した一連の環境保全政策と措置は、世界でも最先進の省エネルギー・再生可能エネルギー技術を用いている、それは汚染物の排出量を安定または低下させたほか、インフラ整備の改善など、多くのオリンピック環境遺産を残した、と記載されている。北京のオリンピック遺産は物的遺産と精神遺産というおおむね2つの部分からなっている。

　2008年オリンピックの開催により、北京では先進的な技術を有している環境管理施設およびすぐれた環境が残された。ここ数年の管理・整備を

経て、北京では、技術が立ち後れている多くの産業は淘汰され、多数の汚染物処理施設は更新され、また新設された。その多くは世界トップレベルの技術を有している。これは北京市が今後とも環境保全事業を展開するための堅固な土台となり、北京市における環境産業と循環型経済はさらに速いスピードで発展していくだろう。そのほか、数年間にわたった生態系の整備プロジェクトによって、北京市は「空は青く水は清く、大地は緑で空気はきれい」という、環境の良い現代的な生態系大都市へと変わろうとしている。つまり、オリンピックを開催することがなかったとしても、北京市は環境保全と整備にますます大きな力を入れていったはずではあるが、ここで間違いなくいえることとして、オリンピックを開催することがなければ、北京市における環境整備事業は、このような高いレベルに到達し、またこのような速いスピードで発展していくことはできなかったに違いない。この点から見れば、オリンピックを主催することによって、北京では環境保全事業に関して貴重な物的遺産が残された。

一方、2008年オリンピックは北京に豊かな精神遺産も残した。グリーンオリンピックを主催することによって、環境保全思想は国民に普及され、特に青少年の環境意識を高めた。北京発の「グリーンオリンピック」という理念およびそれに応じて取り組んできた施策は、中国の将来的な環境保全事業にプラスの影響をもたらしている。オリンピック主義の中の公平・平和・環境という思想は相互に結び付き、北京ひいては中国の今後の環境主義・運動の方向付けまたは調和のとれた社会の構築にあたって、深遠な影響を与えるだろう。

国際オリンピック運動に対しても、2008年北京オリンピックは大切な環境遺産を残したといえる。グリーンオリンピックの理念が世界の人口の5分の1を占める中国で根を下ろしたこと自体、国際オリンピックへの大きな貢献であると考えられる。グリーンオリンピックは今後のすべてのオリンピックが従わなければならない原則となる。環境はオリンピックが存

---

19) 尚未遅ほか「奥運譲世界聚焦点北京」『環球時報』2007年8月8日。
20) 王海・銭鷺「環境問題難阻北京奥運」『環球時報』2007年8月17日。

続または発展していくための前提であり、環境を保全することはオリンピックの発展に対して基を築き、礎を固める効果がある。グリーンオリンピックはオリンピック運動が持続的に発展していくことを促進する。北京オリンピックはシドニーで台頭した「グリーンオリンピック」の理念を、新たな段階まで押し上げた。北京がオリンピック開催前に取り組んだ有効な総合的な環境保全施策は、ほかの国と地域、特に発展途上国と地域に参考になる経験を提供した。グリーンオリンピックはその模範効果と移転効果をもって、それと関わっているグローバル的なスポーツ組織ネットワークに波及し、成功した環境保全の経験を世界中に広げ、地球全体の環境改善に大きな力となる。

4.2　グリーンオリンピック開催の意義

　北京グリーンオリンピックは、中国の伝統文化と、環境保全という時代の潮流との合体である。中国では古くから、「天人合一」と「和為貴（和を以て貴しと為す）」というような理想が擁護されてきた。しかしこれらの素晴らしい理想は、現代工業主義の挑戦を受けた。そして中国では深刻な環境問題が現れたのも事実である。しかし工業化がある程度の発展を遂げたとき、中国では国際環境主義という新しい理念が受け入れられ、それと同時に「調和のとれた環境にやさしい社会の構築」という新たな目標が提起された。したがって、この新たな目標は環境革命という背景の前で、中国伝統思想の中の精華と国際的な新たな発展観とが融合したものといってもよい。このような状況の中、グリーンオリンピックが北京で開催されることは、中国のスポーツマンの長年の悲願であり、調和のとれた社会を構築していく上でも必要である。オリンピックを開催することによって、中華民族の偉大な復興が促進できるだけではなく、調和のとれた世界を構築することに役立つこともできる。2008年北京オリンピックは、中国が世界の平和と地球の保全のために貢献したことの1つのモデルである。

　現代オリンピックは工業化の結果であり、オリンピックによって現れた環境問題もある程度、オリンピックが絶えず大規模化と商業化を図ってきた結果といってもよいだろう。環境保全と工業化の関係については、環境

クズネッツ曲線（Environmental Kuznets Curve：EKC）を描くことができる。グリーンオリンピックも経済が一定の水準を超えると現れるようになる。しかしグローバル化の展開により、環境主義運動はスポーツの分野にも浸透している。その際後発国はスポーツの分野でも後発の優位性を持っているため、発展途上国であってもグリーンオリンピックを優先して開催することができる。環境問題を理由に、発展途上国のオリンピック開催を阻止することは合理的ではない。それはグリーンオリンピックの理念を普及させることに不利だけでなく、発展途上国が蛙飛び形式でその環境状況を改善することにもマイナスの影響を与えると考えられる。もちろん、後発の優位性を生かすには国際協力が必要となる。その理由の1つは、先進国は大量な環境保全対策の技術と経験を積み重ねてきており、オリンピック精神に従えばそれらを世界中の人と公平に分かち合うことが大切で、「たった一つの地球」という共通な認識のもとでそれらの効率を最大限に発揮すべきであることである。そして2つ目は、発展途上国が開催することに対して肯定的な雰囲気の世論を作るべきだということであり、彼らが自らのグリーンオリンピック開催の約束を忠実に守ることができるのを信じ、疑ったり敵視して中傷するべきではない。

　グリーンオリンピックを主催することに関して、中国は世界中の他の多くの国が備えない優位性を有している。それが「挙国体制」である。中国は一党支配の社会主義国であり、中国共産党中央委員会と中央政府が支持するプロジェクトであれば、世界に対して改革開放による中国の発展をアピールするために、必ず国を挙げてやり遂げる。環境問題は全体性・有機性と持続性といった特徴を持つものではあるが、現代的な技術を用いれば、ある地域の環境を短い期間で改善させることは可能である。この点については、オリンピック開会前に実施された環境保全と整備に関する施策によってすでに実現された大きな効果がその証である。

　しかし一方、北京市ではオリンピックのために実施された環境保全プロジェクトを市の長期的な発展規画に組み入れたが、このような外力主体のモードは部分的に市場の失敗を招くおそれがあり、「強い政府、弱い社会」という結果になりかねない。さらに一旦このような状況になると、大会開

催のコストが大幅に増加するとともに、環境保全の効果も長くは続かないと考えられる。言い換えると、もし汚染対応および環境保全に関して市場と国民が十分に役割を果たすことができなければ、それらを受動的に行動させることになり、その積極性を生かすことができない。こうなると、もし政府活動の重点が移行すれば、それまで進んできた環境保全と整備事業については後になって力不足という問題が起こるに違いない。

　グリーンオリンピックという公約を実現するために、北京市ではオリンピック開会前後に、多数の厳しい臨時的措置が取り組まれた。例えば自動車車両ナンバーの走行日奇数偶数規制が実施され、すべての「黄標車」（排ガスに関する現行の国家基準を満たさない車の通称）の走行が禁止された。また、冶金、建築材料、石油化学等の分野における汚染が重大な計150の企業が生産停止または閉鎖させられた。さらに、石炭燃焼施設の汚染物と有機系排気ガスの排出量が低減され、各工事業者の現場での土石工事、コンクリートを流し込む土木作業等が停止させられた。次に、北京市・天津市・河北省・山西省・内モンゴル自治区と山東省という6つの地域において、「北京オリンピック・パラリンピック期間中極端な悪天候の場合の大気汚染抑制応急対策」が特別に実施された。オリンピック閉会後、一部の対策（例えば2008年10月1日から、北京市政府は各級党政府機関の公用車台数を30％削減する）は継続されたが、大部分の臨時対策は廃止されたことにより、北京市の大気状況は急激に悪化した。長年北京市を悩ませてきた悪天候も再び現れるようになった。グリーンオリンピックを成功裡に開催したことを契機として、今後も北京市が持続的に発展していくか否かに注目すべきである。

第7章
東北アジア地域の
環境問題と環境協力

はじめに

　世界の他の地域と比べた場合、冷戦後の東北アジアは政治・軍事の緊張解消において、史上前例がないほどの成功を収めている。しかし、欧州連合、北米自由貿易地域、東南アジア諸国連合のような地域主義にまで達しているとはいえない。東北アジア地域は経済の急成長とともに、深刻な環境問題をも生み出している。どうしたら経済の発展を維持しながら環境を保護できるか、どのように東北アジアの持続可能な発展を促進させるか、これらのことがこの地域内外の各界人士の共通の関心事となっている。本章では、環境問題という比較的中立的な領域を手がかりとして、東北アジアにおける環境協力の駆動メカニズム、現状、存在する問題とその展望を分析し、その上で東北アジア地域の一体化の可能性と現実的な難しさを描き出してみたいと思う。

1　東北アジアの地域環境問題

　東北アジアは、地理的行政と地域協力促進という観点から提起された1つの地域概念であり、主にロシア極東地域、モンゴル、朝鮮、韓国、日本、そして中国を含む。環境という角度から見た場合、この地域の環境問題の多くは単に1つの主権国家の範囲内に限られるものではなく、境界を跨ぎ、国境を越えた共通の環境問題が存在している。これらの問題の主要なものとしては、酸性雨、海洋汚染、生物多様性の喪失、砂塵暴（激しい黄砂現象）がある。

1.1　北西風にのる酸性雨
　酸性雨は大気汚染が広範囲にわたり移動し、浮遊粒子が沈降することにより引き起こされるもので、森林、動植物、人体に対して非常に有害な影響を及ぼす。酸性雨が引き起こされる主な原因は、石炭火力発電所や工場

から排出される大量の二酸化硫黄や窒素酸化物の降下である。統計によると、中国の二酸化硫黄排出量は、1989年には1495万トン、1994年には1800万トン、1997年には2346万トンに達している[1]。中国はすでに、世界の中でアメリカに次ぐ第2位の二酸化硫黄排出国となっている。他方、韓国の排出量は1989年に467万トン、1992年に486万トン、日本の1989年の排出量は1200万トンである。中国がこれほど多量の酸性雨ガスを放出しているその主な原因は、エネルギー源の75％が低質で硫黄含有率の高い石炭であることである。中国の石炭の硫黄含有率は1.35％だが、韓国は0.74％、日本は0.67％である。これ以外に、中国ではエネルギー利用効率が低く、排気処理率も相対的に低いことが挙げられる。また排気処理技術が立ち後れており、排煙脱硫技術や窒素酸化物濾過装置もほとんど使用されていない。

　ある専門家は、韓国と日本は中国東北部からの酸性雨ガスの被害者であり、モンゴルはロシアの酸性雨ガスの被害者であり、北朝鮮は酸性雨ガスの製造者であり被害者でもある、と考えている。それを運ぶ動力は東北アジア地域の強い北西風である[2]。中国が日韓にどれくらいの酸性雨ガスを送っているかということについては、現在依然として意見がまとまっていない。日本電力工業中央研究所の1992年の報告では、日本の酸性雨中の50％の硫酸イオンが中国から、15％が韓国からのもので、35％が日本国内のものであるとしている[3]。仮にその他の放出源（火山活動など）を考慮に入れた場合には、日本の酸性雨ガスの46％が自国発生のもの、42％が中国から、12％が韓国からとなる。日本の環境庁のある職員は、日本の酸沈降の大体50％が自国内からのものであるとしている[4]。韓国国家環境研究

---

1) 『中国環境年鑑』編輯委員会編『中国環境年鑑　1998』中国環境年鑑出版社、1998年、168頁。
2) Lyuba Zarsky, "The Prospects for Environmental Cooperation in Northeast Asia", *Asian Perspective*, Vol. 19, No. 2, 1995, p. 111.
3) Shigenori Matsuura, "China's Air Pollution and Japan's Response to It", *International Environmental Affairs*, Vol. 7, No. 3, 1995, p. 235.
4) M. A. Schreurs & D. Pirages (eds.), *Ecological Security in Northeast Asia*, Yonsei University Press, 1998, pp. 70–71.

センターは、白翎島に設置した監視測定所から収集したデータを分析して、中国は韓国の23%の二酸化硫黄（年間約35万トン）と20%の窒素酸化物（年間約25万トン）に責任を負わなければならないという結論を提出した[5]。

上のような見解は、中国からの研究データによる実証に欠け、すべて真実であるとはいえない。しかし、東北アジアにおける酸性雨問題での中国の重要性をある程度明らかに示している。中国経済の継続的な急成長に伴い、酸性雨問題はさらに多くの関心と論争を巻き起こすだろう。

1.2 汚染物質の流入による海洋汚染

海洋汚染は主に黄海と東海（日本海）[6]の、陸上や海上の汚染物質放出によってもたらされる水質の低下を指す。陸上からの汚染物としては主に、沿海の工場廃棄物や廃水、農業用化学肥料や農薬の残留物、放射性核廃棄物がある。海上の汚染源は主に、タンカー、油井からの流出や船舶の廃水である。これらの汚染物質が海洋の浄化能力を超えて排出されたとき、海洋汚染が引き起こされ、経済や生態に深刻な損失をもたらすことになる。

現在日本は工業廃棄物を海洋に投棄している世界最大の国である。毎年太平洋と東海に450万トンを投棄しており[7]、1990年には日本沿海で計583回の石油漏出が発生している。中国近海海域の水質は近年ますます悪化しており、とりわけ環渤海と黄海北部地域の営口、盤錦、天津、大連、青島の河口区や海湾の汚染は最も深刻である[8]。中国の石油漏出は5万1507トンに達している（そのうち、渤海では2万8314トン、黄海では2万3193トンである）。ソ連海軍は1978年から1993年までに、日本海に18機の未分解原子炉と1万3150個の放射性廃棄物容器を投棄している。日本の科学技術庁も、東京電力が毎年日本海に投棄している放射性廃棄物は、ソ連海軍（91年の崩壊後は、ロシア）が投棄した900トンの10倍だと認めている。韓国沿海の石油漏出は、1987年から1991年までにほぼ3倍に増加した。1990年に韓国では計248回の石油漏出が発生している。大量の汚染物排出によって、東海の公海水域水面の石油含有量は太平洋北部の1.5～1.8倍になっており、沿海地域の汚染程度は公海水域の2.5倍にまでなった。世界監察研究所の1994年の報告では、黄海は世界中の"死滅しようとしている"7つの

海のうちの1つで、黒海に次ぎ2番目に位置している、とされている。

　海洋汚染のために東北アジア各国の沿海では頻繁に赤潮が発生している。わずか1回の赤潮で、毎年中国が被る直接的な経済損失は5億円に達しており、漁業生産高は大幅に減少している。大型魚類はほぼ絶滅し、小型魚類も著しく衰え、昆布の養殖は大連湾から撤退している[9]。一方、日本や韓国の漁業の90%は太平洋北西部からのものであるが、日本の年間1人当たりの海産物消費量は世界平均の4倍であることから[10]、海洋汚染が生産や人々の生活にもたらすマイナスの影響はさらに大きくなると考えられる。

1.3　遺伝子資源に悪影響を及ぼす生物多様性の喪失

　生物多様性は生態系がバランスを保つための必要条件であり、それが損なわれることは生態のバランスが破壊され、環境が混乱と無秩序に陥ることを意味する。日本では700種以上の植物が、中国と韓国ではそれぞれ80種余が危機に瀕している。その中には世界でも非常に重要な遺伝子資源が多く存在している。

　越境する種族の中で最も脅威を受けているのは渡り鳥であろう。例えば、季節の変化に伴って日本、朝鮮半島、中国、ロシアを移動するマナヅルがそうである。中ロ国境上のハンカ湖（Khanka）は東北アジアで最も重要

---

5) *Ibid.*, p. 71.
6) 東海は韓国の呼称、日本海は日本の命名である。韓国は、日本海という呼称には植民地時代にこの公海を日本内湖にしようとした覇権的含意があると理解している。古厩忠夫「環日本海的過去、現在和未来」、櫛谷圭司「有感于韓国対"日本海"呼称異議的提出」（宋成有・湯重南主編『東亜区域意識與和平発展』四川大学出版社、2001年）を参照。
7) Mark J. Valencia, *A Maritime Regime For Northeast Asia*, Oxford University Press, 1996, p. 189.
8) 全国政協教科文衛体経済委員会聯合調査組「関于渤海黄海海洋環境保護的調査報告」『中国科技論壇』1997年第1期、を参照。
9) 潘家華・庄貴陽「中国黄海海域汚染的態勢與控制方略浅析」『大平洋学報』1998年第1期、48–49頁。Valenciaは、過去30年で、黄海の魚類はすでに141種から24種まで減少したとしている。Valencia, *op. cit.*, p. 176.
10) 世界の他の地域の年間1人当たりの海産物消費量は15.9kgであるが、日本では70.6kgに達している。日本は世界第4位の海産物消費大国である。勝山浩志「21世紀的漁業――新世紀海洋資源管理」『日本瞭望』2000年11月号。

な渡り鳥の生息地である。しかし、近年の経済開発に伴う灌漑のための水の汲み上げ、過度の殺虫剤使用、過度の放牧、過度の漁撈、レジャーによる破壊などにより、この湖は深刻な影響を受けている。日本海の海岸線は、ほぼ40％の場所で大きな改修が行われている。韓国においてもしも完全に計画通りに開発が実施されれば、65％の沿岸湿地が失われるだろう。生物の生息地を破壊することは、徐々にその地域の生物の多様性を壊滅させることになる。東北アジアの湿地には150余種の水鳥が生息しているが、現在27種が絶滅の危機に瀕しており、一部はすでにほぼ絶滅している[11]。

　東北アジアの国々では様々な自然保護区を作っているが、その面積は依然として狭すぎるといえるだろう。日本の保護面積は最も広いが、それでも全国総面積の12％を占めるのみであり、韓国は0.5％しかない。また各国は自国の範囲内のみで保護を行っており、国を越えた生物種に対する国を越えた管理体制は整っていない。全アジアから見た場合、少なくとも70％の自然生態環境が破壊されており、それによってもたらされている深刻な結果の1つが、生物種およびその遺伝子資源の膨大な喪失である[12]。東北アジアは人口が多く、経済成長が急速であるため、生物の多様性の喪失もさらに深刻なものとなるだろう。

1.4　砂漠化に伴って深刻化する砂塵暴

　砂塵暴は、砂暴、浮塵、揚塵の総称である。砂暴は空中を運動する砂礫、浮塵は高空を浮遊する微少のちり、揚塵は地表のちりのことをいう。近年、砂塵暴が東北アジアで頻繁に発生している。最も典型的だったものは、2002年3月20日に発生した強い砂嵐である。それは中央アジアから始まり、モンゴルで強まり、中国でさらに強まり、最後に朝鮮、韓国、そして日本に襲来し、北米にまで影響を及ぼした。この砂嵐は「東北アジア砂嵐」ともいわれた。このとき砂塵暴の襲撃を受けたソウルでは、可視距離がわずか1.2kmとなり、空気中の浮遊粒子濃度は年平均値の25倍になった。統計によると、1971年から2001年までに、韓国では計169回砂塵の舞う天気が発生しており、そのうちの105回が1991年以降に発生している。

　砂塵暴は東北アジアの国々の経済や生命に重大な損失をもたらし、人々

の生産や生活に多大な不便を与えている。中日友好環境保護センターとアメリカ、日本などの科学者が共同で行った観察や研究によると、中国に来襲する砂塵暴の約半分はモンゴルから来ているが、砂塵が中国へ送り込まれる量は他国をはるかに上回っている。

砂塵暴を引き起こす直接的原因は異常気象であるが、しかし近年急速に激化している主な原因は、生態環境の過度の搾取と破壊である。モンゴルの土壌侵食は55万ヘクタールに達しており、過去30年で約2.6億トンの肥沃な土壌が吹き飛ばされている。牧場の植物分布は過去25年間で19〜24%縮小し、砂漠化面積は急速に拡大し、砂漠の流速は加速している、ということがわかった[13]。砂漠化した土地面積は、中国全面積の27%を占めている。内モンゴルの45%の草原が砂漠化し、寧夏での比率はついに90%に達してしまった。近年、砂漠化面積は急速に拡大しており、1950年代には年間平均1500km^{2}余り拡大していたものが、80年代には2100km^{2}に達し、90年代には2400km^{2}を超えてしまった。ここ10数年の砂漠化によってもたらされた直接的経済損失は500数億元に上り、大量の農牧民が家を失い流浪の身となったと推測されている[14]。

地域的な環境問題の激化は、東北アジア地域にますます大きな損失と潜在的な安全への脅威をもたらしている。各国は協力して行動を起こす必要があり、そうすることによって初めて損失を減らし、地域環境の安全を確保することができるであろう。

---

11) Zarsky, *op. cit*., p. 116.
12) Japan Environmental Council (ed.), *The State of the Environment in Asia: 1999/2000*, Springer-Verlag, 2000, p. 28.
13) Alexander Sheingauz & Hiroya Ono, *Natural Resources and Environment in Northeast Asia: Status and Challenges*, The Sasakawa Peace Foundation, 1995, pp. 42-43.
14) 張定龍「我国荒漠化形勢及防治対策」『北京科技報』2000年4月19日。

2 東北アジア環境協力の原動力

2.1 密接に関連している東北アジア諸国間の環境

　東北アジアの環境は総合的な性質を有しており、内部の各構成要素間で互いに連係し、制約し合っている。その中の要素が何であれ1つでも破壊されれば、バタフライ効果を引き起こし、予測不可能な重大な結果を招くことになるだろう。環境状況も各要素の平均的状態によって決定されるわけではなく、状態が最も劣っているその要素により決定されるのである。したがって、いかなる国であろうとある方面の環境を破壊すれば、必ずその地域での連鎖反応を引き起こし、地域全体の環境状況に影響を及ぼすことになる。

　東北アジアの環境には限りがある。無限に自然資源を提供することはできないし、無限の許容と自浄能力を備えているわけでもない。一旦自然から過度に取り出したり、あるいは環境に対して汚染物を過度に排出したりすれば、生態のバランスは崩れ、内部のエネルギー流動や物質循環が乱れて、人類の生存を危うくすることになるだろう。また、生態環境破壊の結末は破滅的であるといえる。この種の破滅はバタフライ効果によって何世代もの人に影響を与えるだけでなく、自ら拡大し、さらに広範囲にわたる環境悪化をもたらすことになるだろう。このような環境問題の特徴から考えれば、東北アジアのいかなる国で発生した環境問題であってもすべて地域性を有しており、それはその地域全体で共有する問題であり、その地域の各国が共同で防止し対処しなければならないのである。

　東北アジアの環境問題は、国を越えた多くの資源の利用や破壊にまで関連する。例えば、空気や海洋、生物の生息地などである。これらの資源は国境を越えたもので、一国あるいは1つの組織のみが享受することのできない共有資源である。しかし、個人的利益を最大にするための使用者の理性的行為は往々にして集団の非理性的結果を生み出す。すなわち共有資源の悪化と破壊である。これにより「モンゴルの悲劇」あるいは「囚人のジレンマ」（自分の利益が相手の行動によって決まる状況下で、相手の行動

を予測できないために遭遇する、選択にあたってのジレンマ）が生じることは避けられなくなる。ある国で資源の私有化を行い、国際関係の中で共有資源をその国の管理に任せるという構想を採用した場合、それは理論上全く通用しないだけでなく、たとえ実践の中で用いたとしても期待した効果を挙げるには至らないだろう。東北アジアは先の2種類の方策の思考方向に向かって、自発的協力の基礎の上に集団的協力の仕組みを作り上げ、資源の持続可能な利用と環境保護を促進しなければならない。

2.2 経済統合が促進する東北アジア環境協力

東北アジアの経済的統合が急速に進むことで、環境協力を行うことが切実に求められている。日々深刻化する地域の環境問題は、その地域の急速な経済成長や都市化と密接に関係している。

1960年代、日本経済は2桁台の成長を達成し、都市化率も大幅に上昇した。しかし、それと同時に世界的に有名な公害大国となってしまった。韓国では戦後、「漢江の奇跡」を生み出し、都市化率は1991年には76.3％に達した。しかし人々の生活水準が向上すると同時に深刻な汚染やその他の環境問題も発生し、蔚山地区では日本のイタイイタイ病に似たOnsan病が発生した。人々の生活の質の向上が収入の増加と歩調を合わせているとはいまだいえない[15]。中国は改革開放後、世界が注目する経済的成功を収め、人々の生活も改善されたが、しかし環境もこれまでにないほどの速さで悪化した。

東北アジア各国では発展における時間差と水平差が存在しているため[16]、経済協力では上下分業の雁行陣モデルが形成された。このモデルは、東北

---

15) Japan Environmental Council (ed.), *op. cit.*, p. 54.
16) 1992年の実質購買力をドル換算すると、日本の1人当たり平均GDPは1万9920ドル、韓国は9565ドル、北朝鮮は3067ドル、モンゴルは2443ドル、中国は1838ドル、ロシア連邦は8320ドルだった。The World Resources Institute, *World Resources: A Guide to the Global Environment, 1996-1997*, Oxford University Press, 1996, pp. 166-167. 韓国は経済発展においては日本より20年遅れており、環境政策の発展においては12～14年遅れている。Japan Environmental Council (ed.), *op. cit.*, p. 61. 中国も日本、韓国と比べると、同じような距離が存在している。

アジア国家間の資源、資本、市場、技術需要などの相補性を十分に発揮し、地域経済の統合を促進するために有利なものである。1993年以来、日本は連続7年、中国最大の貿易相手となっており、対日貿易は中国の対外貿易の20%前後を占めている。1998年以来、韓国は中国の第4の貿易相手となり、対韓貿易は中国の対外貿易の7%を占めている。日本は韓国の第2の貿易相手であり、韓国は日本の第4の貿易相手である。日本と韓国はそれぞれ中国への第2、第4の直接投資国である。2000年末までに、両国の企業が中国に直接投資した実質使用額は348.8億ドルに達し、それは中国が受けた外国直接投資の11%を占めている。これらの数字は、東北アジアの経済関係がかなり緊密で、カネ、ヒト、モノの流れが非常に活発であることを十分に説明している。しかし、発展レベルがそれぞれ異なることで各国に環境問題が生じ環境政策に差異が現れたため、多国籍企業を代表とする競争力のある市場勢力が地域経済の統合を進める中で、汚染の移転や環境保護貿易摩擦などの環境問題も生み出されたのである。

2.3　産業構造の違いにより移転される環境問題

　国際連合の『工業統計年鑑』やアジア太平洋経済協力会議の『太平洋経済報告』によると、日本経済は1980年にはすでに技術・資金集約型工業の基礎の上に成り立っていた。韓国では1988年に技術集約型工業が顕著な上昇を示したが（しかし、依然として日本より低く、その工業設備や電子部品は日本に大きく依存）、天然資源の加工業や労働集約型産業は依然として日本を上回っていた。中国経済中の製造業のシェアも増加していたが、しかし全体から見ると、日本とは反対の類型が現れ、天然資源加工業が急速に成長した。これは、東北アジアの経済発展の過程の中で、日本だけは国内の天然資源を過度に使用することなく、その他の国は国内の天然資源を過度に利用することを基礎として必然的に深刻な環境問題を生み出していったということを意味している。

　アメリカの1987～1988年の経験に基づけば、天然資源加工業（石油、石炭、非鉄金属製品、紙、パルプ）は国民総生産高の11.7%を占めていたが、エネルギー消費は47.4%に達し、有害物質排出は17.8%だった。資本

集約型重化学工業は国民総生産高の20.4%を占めていたが、エネルギー消費は36.9%に達し、有害物質排出は71.4%に上った。技術集約型産業は国民総生産高の25.3%を占めたが、エネルギー消費はわずか4.2%、有害物質排出はわずか3.4%であった。これらの数字は、東北アジアの国家経済の類型の転換が進められていくに伴い、環境問題がさらに突出する可能性を説明している[17]。

　東北アジアの国々が経済の上昇や転換を実現するとき、先進国では国内の環境法規が日々整備され、生産コストの上昇が必ず引き起こされるため、どうしてもその資源密集型の旧産業を新興工業国に移転することになるのである。韓国の1970、80年代の経済急成長は、一定程度日本経済のモデルチェンジという一大好機をうまく利用し、日本の生産体系に巻き込まれた結果であるといえるだろう。当然、60年代に日本に恐ろしい公害を生み出した産業も部分的に韓国へと移された。中国では改革開放後、東北アジア地域との貿易やこの地域を引きつける投資が急速に増加し、徐々に東北アジア地域の経済に融合して、地域産業移転の列に加わっていった。そして日本、韓国から高エネルギー消費高排出の多くの産業の移転が避けられなくなっていった。

　日本は汚染産業の移転を行っただけでなく、1988年には189億ドル相当の汚染製品を輸出している。韓国は66億ドル、中国は52億ドル、旧ソ連は83億ドル相当の輸出をしている。これらの貿易の大部分はこの地域内で行われたものである[18]。その他に、各国の経済発展や環境政策の違いから、地域貿易の中でも環境障壁や環境貿易摩擦が現れている。中日、中韓の間の農産物などについての貿易紛争はこのような摩擦の具体例である。地域経済統合の過程で現れるこれらの環境問題は、発展途上国の持続的な経済発展の力を損なうだけでなく、先進国の生活の質の向上に影響を与え、さらには地域統合にとっても不利なものになるだろう。地域の経済統合に

---

17) Byung-Doo Choi, "Political Economy and Environmental Problems in Northeast Asia", D. Rumley (ed.), *Global Geopolitical Change and the Asia-Pacific: A Regional Perspective*, Ashgate Publishing Limited Company, 1996, pp. 120–123.
18) P. Low & A. Yeats, *Do Dirty Industries Migrate?*, World Bank, 1993, p. 112.

は、各国が環境問題で全面的に協力することが求められる。

2.4 国際関係の進展によるこれからの地域環境協力

　国家関係の正常化と政治民主化の勢いある発展は、東北アジアの地域環境協力に新たな原動力をもたらした。古来東北アジアの国々は、政治・経済・文化の各方面で互いに影響し合い、ともに繁栄してきた。しかし、日本が急速に勢いを増した後は、日本は植民地主義を推し進めることによって、周辺国家の資源を略奪し政治的抑圧を加えた。第2次世界大戦の終結、日本のファシズム政権の崩壊もこの地域に平和共存をもたらしたわけではなく、それどころか二大陣営が互いに奪い合うところとなり、朝鮮戦争が勃発した。東北アジア地域の関係は甚だしく悪化し、協力といったことを話し合うすべもなかった。

　しかし、東北アジアにおけるアメリカの存在により、アメリカの同盟国である韓国と日本の両国が1965年にまず関係正常化を実現した。共通の敵、ソ連に対処するための中米関係正常化も、中日の正常な外交関係樹立を促した。冷戦終結後、東北アジアの情勢はさらに緩和され、韓ロ、中韓関係の正常化が1992年に実現した。地域の安全への緊張緩和と正常な交流の樹立は、環境協力に必要不可欠な前提条件を提供した。政治の発展により、各国政府や民間組織の協力が推進された。

　日本の民主化はアメリカの占領後実現した。公害の被害が深刻なとき、住民運動の抵抗や地方自治体の積極性が、中央政府が厳しい環境政策を制定するよう、そして環境問題を解決するよう促すのに多大な役割を発揮した。そして1980年代末には、日本の環境政策の国際化やグリーンエイドプラン実施をも促した[19]。韓国では、長期にわたって官僚権威主義が実行されてきたため、環境問題における非政府組織（NGO）の発言権が抑制されてきた。しかし韓国の民主化が始動すると、NGO・地方自治議会・公民運動が、地方的、全国的、そして地域的な環境問題でようやく積極的な役割を発揮するようになった[20]。中国は従来社会主義国家で環境問題が発生しているということを認めなかったが、改革開放以後、政治改革が進むにつれて、深刻な環境問題が存在することを認めただけでなく、環境

NGOが国内や地域の環境問題を解決する上で果たしている役割も一定程度認めるようになった。政治の民主化は硬直した体制とイデオロギーの束縛をある程度突き破り、各国の草の根の環境運動の発展を強めた。そして民間環境保護勢力の協力により、政府レベルでは回避するすべのなかった難題を一定程度回避することができ、地域協力の発展に有利となった。

　環境と公共資源の特徴は、全体論と有機論から環境協力を推し進めるよう要求することである。地域経済統合の中で現れた環境問題は、発展第一の戦略を広く信奉する東北アジアの国々が環境協力を進めるための最も主要な原動力となった。外交関係の正常化により環境協力を行う合法的な舞台は用意された。この4つの力の共通した作用が、1990年代以後、東北アジアの環境協力の急速な発展を促すことになった。

3　東北アジアの環境協力の類型

　東北アジアの環境協力は20世紀初頭にはすでに始まっており、日ロ間で漁業協定が調印されたり、中日間で渡り鳥保護協定が調印されたりしていたが、それが大きく発展するのは1990年代以降である。それは以下の3種類の類型に分けることができる。二国間協力、多国間協力、そしてNGO間の協力である。

3.1　二国間環境協力

　この種の協力はすでに東北アジアの国家間で広く展開されており、一定の成果を挙げている。1992年、日本は韓国に金メッキ業および糊付け染色業の廃水処理と再循環プロジェクトについて開発を行う調査グループを

---

19) 1993年に公布された「環境基本法」の1つの原則は、国際協力を通して積極的に地球環境保全を推進しなければならないということだった。同時に、日本政府側の対外援助は環境援助を重点とする方向へと転換し始めた。Peter C. Evans, "Japan's Green Aid Plan: The Limits of State-Led Technology Transfer", *Asian Survey*, Vol. 39, No. 6, 1999.
20) Japan Environmental Council (ed.), *op. cit.*, pp. 56-57.

派遣して、日韓環境協力を開始した。1993年には日韓は環境協力基本協定に調印し、連合委員会を設立して、大気や水、廃棄物処理などの共同プロジェクトを行った。1994年、韓国とロシアは環境保護協定に調印した。1998年、日ロ首脳はトップ会談において世界で初めての温室効果ガス排出防止互恵借款協定を締結し、ロシアの20数カ所の発電所や工場のエネルギー利用効率を引き上げ、温室効果ガス排出を減少するよう援助することになった。

　中国は東北アジアのすべての国と環境協力二国間協定を締結している。1994年、中日は環境保護協力協定を締結し、大気汚染と酸性雨の予防措置、水質汚染の予防措置、有害廃棄物処理、人体の健康への環境汚染の影響、都市環境の改善、オゾン層保護、地球温暖化防止、自然生態環境と生物多様性保護などの方面で協力することを決定した。そして双方で連合委員会を設立して、専門家の交流や政策法規・情報資料の交換に責任を持ち、研究討論会や具体的なプロジェクトを実施することを計画した。1996年、日本政府から無償提供された105億円により設立された中日友好環境保護センターが完成して、環境問題の研究や予防管理に携わる中国の力が向上した。また同年、中日環境協力フォーラムも設立されて、両国の交流と対話がより促進された。1997年以後、日本の対中無償援助の重点は基礎的施設建設やエネルギー源といったものから環境保護へと移行し、21世紀に向けた中日環境保護協力計画を提議するようになった。日本が提供した2000数万ドルの無償援助で中国100都市の環境情報システムを立ち上げ、また2、3の中日環境保護協力モデル都市の建設にその資金を割り当てた。これらのプロジェクトの進展情況は良好で、双方とも満足のいく成果を得ている[21)]。日本はまた、先進国の中で、黄砂現象と砂漠化の研究に最も多くの投資をしている国家でもある。

　1993年、中韓は環境協力協定を締結し、連合委員会を立ち上げた。そして専門家や政府関係者の交流、技術や情報の交換、研究協力、研究討論会開催などの方法を通じて、地域、準地域、そして地球環境の保護・改善、大気・水・海洋の汚染の軽減・抑制、有害廃棄物の国境を越えた移転や処理の規制、生物多様性の保護、固体廃棄物の管理と資源の回収再利用の強

化などを行った。1995年、中韓は黄海汚染共同モニタリングプロジェクトを開始した。韓国国際協力団は2002年から、中国の内モンゴル、甘粛、新疆の5740ヘクタールの砂漠の造林プロジェクトに対して、毎年100万ドルの援助を提供することになった。

1990年、中国とモンゴルは自然環境保護に関する協力協定を締結して、共同試験センターの設立、技術・専門家・情報の交換、学術会議の開催などの方法によって、流砂や土壌の風化・侵食の予防管理、礫砂漠での低高木の育成、生物多様性の保護、汚染や災害を軽減・除去する技術や方法などを研究し実施することを決定した。2001年、中国とモンゴルは、激しい黄砂現象の予防対処を長期的に共同で行う計画の枠組みを作成した。

1992年、中朝は環境保護および国土管理協力協定を締結して、環境保護の技術や情報の交換、国際会議上での話し合い、環境保護人材の育成などを展開する際に、密接に協力していくことを決定した。1994年、中ロは環境保護協力協定を締結して、大気汚染および酸性雨の予防措置、水資源の総合的利用と水の保護、海洋環境保護、危険廃棄物の輸送処理、クリーン生産の方法や技術、環境モニタリング予報、生物多様性の保護、都市および工業地区の環境保護、環境の宣伝教育と法規政策などの各方面で、交流と協力を行うことを決定した[22]。

3.2　多国間環境協力

この種の協力は3種類に分けることができる。その地域各国の政府間協力、政府環境保護部局およびその下部研究機関の間の協力、全世界あるいは地域の組織が参加した多国間協力である。

政府間での多国間協力は、東北アジア環境協力の最も重要な形式となっている。1993年、韓国外交部と国連アジア太平洋経済社会委員会（ESCAP）の提案のもと、東北アジア環境協力高官会議が成立した。これは東北アジ

---

21) 夏光ほか編著『中日環境政策比較研究』（中国環境科学出版社、2000年）の第6章「中国環境合作的重点領域」を参照。
22) 中国が東北アジアの国々と調印した環境保護協定に関しては、国家環境保護総局政策法規司編『中国締結和簽署的国際環境条約集』（学苑出版社、1999年）を参照。

アで初めて外交ルートで設立された政府間対話組織である。その後すぐに全面的な環境協力体制を確立し、地域の環境問題（重点は、エネルギー源と大気汚染、生態系管理、キャパシティービルディング）を解決する一連の具体的な計画を作り上げ、最終的には、操作ができ、アジア開発銀行の支援を得られる東北アジア準地域環境協力プログラム（NEASPEC）へと発展していった。1994年、汚染防止と黄海・東海保護を主旨とする北西太平洋地域海行動計画（NOWPAP）が設立された。これは東北アジアでは初めての、具体的な計画も実施資金もある海洋協力組織である。その主要な任務は、地域の環境状況の評価、海洋の環境と資源の管理、有効なデータ・ベースの作成、緊急事態発生時の支援である。

　政府環境保護部局の協力は、地域環境協力の活動面における主要形式である。1992年に、各国環境部局の政府職員や専門家が参加する東北アジア環境協力会議（NEACEC）が成立した。それは環境科学技術についての研究討論、意見や情報の交換、地域環境問題への協力についての討論に重点を置いている。韓国環境部の下位に所属する国家環境研究所の提案のもと、中日韓の政府職員や科学者が参加する長期にわたる越境大気汚染物に関する専門家会議が成立した。そこでは3年間の共同研究計画が立てられ、酸性雨のモニタリングについてさらに綿密に作業を行うことが提案された。

　1999年、第1回中日韓3カ国環境大臣会合がソウルで行われた。その主旨は、3カ国の指導者がそれぞれの国を訪問した際に合意した環境保護協力の意図を実行に移すことにあり、会議の後、3カ国の環境大臣共同声明が調印された。2002年の4月20日、3カ国の環境大臣はソウルで会議を行った。そこでは激しい黄砂現象の防止処置への協力について特に研究が行われ、会議後、「黄砂防護ネットワーク」や「黄砂情報相互通達」の構築が同意に達し、国連環境計画や地球環境基金（GEF）の資金援助をともに求めていくべきことに揃って同意したことが発表された。

　1994年、中国・モンゴル・ロシアは共同自然保護区を設定する協定に調印した。それにより3カ国が境界を接する国境地域の湿地や草原地帯に共同の自然保護区を作り、人材の育成や共同の観察・研究を通して、自然

資源の合理的利用、生態系の管理、生物多様性の保護といった方面で3カ国の協力を促進することに同意した。

　東北アジアの圧倒的多数の国々が世界や地域の環境会議に参加し、各種協定や議定書に調印している。これは東北アジア各国の環境立法や環境管理能力の確立を強力に促進しており、また各国政府やNGOが研究や交流、協力を行う機会や場所をも提供している。例えば、リオ・デ・ジャネイロの地球サミットで採択した「アジェンダ21」を実行に移すため、東北アジア各国は持続可能な開発のための計画をそれぞれ策定し、その要求に沿って地域環境協力を強化している。

　国連アジア太平洋経済社会委員会も環境領域に介入し、環境に関わる閣僚会議組織を成立させて、環境上健全で持続可能な発展についてアジア太平洋地域の戦略的枠組みを確立するよう求めた。この組織は地域の環境状況に関するレポートを発行し、資料を集め、この地域に合ったいくつかの環境指標を作り、汚染の減少、気象変化の防止、持続可能なエネルギー源の開発利用など具体的プロジェクトを推し進めている。アジアが持続可能な発展を実施する制度的能力を向上させるために、この組織は国家レベルの環境と経済政策研究機関地域ネットワーク、アジア太平洋砂漠化抑制研究育成センター地域ネットワーク、気候変動地域協力専門家会議なども設立した。アジア太平洋経済社会委員会の枠組みのもとで、アジア太平洋漁業委員会協定、アジア太平洋水産養殖センターネットワーク協定、北太平洋地域海洋科学組織の協定、そしてアジア太平洋地域植物保護協定を設定することに調印した。高く評価されるべきことは、15カ国の議員がアジア太平洋環境開発議員会議（APPCED）を組織して、立法機関の環境意識の向上に尽力し、環境問題における共通認識を形成して関連する法律のスムーズな制定と監督執行を保証するよう意図したことである。

3.3　非政府組織と活動家の協力

　環境NGO間の協力は、政府間協力にとっても強力な推進力であり補助となっている。1992年、日本地球環境基金、日本野生鳥類協会、アジア基金会の援助のもと、北東アジアおよび北太平洋環境フォーラム

(NANPEF)が成立し、東北アジア各国やアメリカ（アラスカ）の環境NGOがそれに参加した。このフォーラムは、その地域のNGO、国家および地方政府、商業界間の建設的な接触の促進を図るもので、各国に共通の環境問題での話し合いを促す場となった。このフォーラムは、環境というものが建設的な折衝の促進に用いられた模範事例となった[23]。

1995年、中国、日本、ロシア、韓国、モンゴル、香港、台湾からの環境NGOが東アジア大気行動ネットワーク（AANEA）を設立した。その主旨は、地域の大気汚染問題に対する市民の認識を高め、市民の監視観察・予防処理能力を強化することにあった。

つまり、東北アジア地域の環境協力は、スタートは遅れたが、各方面ですでに全面的に展開されているといえるのである。環境に関心を持つ各級政府、組織、活動家を促し、各自の優れている部分をまとめ、その地域が直面している環境問題を共同で処理している。そして各国の環境管理能力の確立を促し、いくつかの領域では汚染悪化の勢いを初期段階で阻止するなど、地域協力の形が出来上がっていない状況下で環境協力を行うといういくつかの模範を作り上げている。それと同時に、地域政治の衝突や隠れた弊害を解消し取り除くために新たな道を開き、一定の基礎を定めたといえるのである。

4　東北アジア環境協力進展の緩慢さの原因と努力を要する重要点

4.1　国情の違いによる環境協力に対する温度差

東北アジア地域の環境協力の勢いは急速で一定の成果は得たが、しかし欧州連合や東南アジア諸国連合、北米自由貿易地域と比較した場合、依然として明らかに立ち後れており、経済発展で得た成果についてはこの地域と同じには論じられない。欧州連合は経済・政治の一体化を実現したと同時に、「環境共同体」をも確立した。東南アジア諸国連合や北米の地域環

境協力もたえず実質的な進展を遂げている。しかし、東北アジアの環境協力の全体的状況は、「原則上の同意」が多く、実質的行動を行うことは少なく、具体的成果は期待したほどには得られていない。それは東北アジア地域内部で各方面に大きな差異があること、歴史的に残されてきた問題が複雑であること、全体的な地域協力の程度が低いことなどの要素により規定されている。

　経済発展が異なった段階にあることや経済体制に違いがあることは、（地域環境協力に可能性と原動力を与えるが）各国政府の地域環境協力に様々な偏りや推進力の強弱といった違いも生じさせる。日本は大量の資金および環境問題を処理する経験と技術を蓄積しており、黄砂や酸性雨などの地域環境問題がもたらす損害に直面したとき、環境協力を行わなければならない。しかし輸出発展経済に甚だしく依存している国家として、日本は周辺の国家からより多くの安価な資源を獲得し、環境の技術や設備の譲渡、直接投資などの方法で利潤を得ようとし、これらの国家の外債負担を重くしている。1990年、日本が南アジアや東北アジア地域（中国は含まず）に輸出した環境抑制工業製品は、その総量の69.3%を占めた。1984～1990年に日本が輸出した環境技術項目のうち、韓国が32.8%を輸入している[24]。日本のこのような戦略は、客観的に見れば東北アジア経済の上下統合を自身の生産体系に組み入れるという結果を招き、ひいては他の方法では得られない政治的経済的利益を獲得するものである。このことは東北アジアのその他の国家の利益を損ねるだけでなく、それらの国々の日本に対する期待に背くことになるだろう。

　韓国政府は常に経済発展を第一に考えてきたが、民主化以後ようやく自国の環境問題を重視するようになり、日々盛んになる国際交流の中でその環境政策は地域環境協力に新たな方向を示していた。しかし金融危機以後、地域環境協力を推進する韓国の力量は相対的に低下して、新興工業国という地位から、日本が過去に行ったのと同様に生産構造を拡大し、旧工業の

---

23) Schreurs & Pirages (eds.), *op. cit.*, p. 213.
24) Choi, *op. cit.*, pp. 130–131.

部分的移転を行わなければならなかった[25]。

中国は発展途上国であるため、環境を保護しなければならないし、発展もしなくてはならず、汚染の管理は自国の経済条件と発展レベルに見合ったものとする必要がある[26]。先進工業国の環境基準に到達するためには時間が必要なだけでなく、無償のあるいは合理的条件での資金・技術援助が一層必要となる。

しかし世界の現実的状況から見ると、先進国の大多数は発展途上国への資金提供、技術移転という約束を実行に移してはおらず、先進国政府のGNPに占める発展援助の割合は、過去20年の間で最低のポイントにまで減少している[27]。東北アジア各国の異なった政策の方向が環境協力の進展を制限したといえる。

4.2 地域環境問題に対する認識の違い

情報交換の停滞と環境科学研究レベルの低さが、東北アジア各国の政府と市民との、地域環境問題の深刻さに対する認識に影響を与えている。この地域で調印された各協定は、ほとんどすべてが情報や資料の交換の強化を強調しているが、実際の取扱いの過程では、いくつかの資源情報や核資料などは国家の安全や軍事的利益に関わるため、協力の実現が難しくなっている。情報を分かち合うことができなければ全面的な保護を行うことはできず、環境協力のコストを下げることもできない。もしも環境協力の中で獲得する利益が支払うコストより少なければ、環境協力は結実しないだろう。東北アジアの越境汚染問題については、この地域の研究能力が著しく弱いといえる。

1981～91年に、東アジアの石炭消費量は毎年50％以上の速さで増加したが、日本海に臨む富山の酸性雨のモニタリングではそれほど増加してはいない。日本の環境学研究者は多くの仮説によりこの現象を説明した。例えば、日本の大多数の森林土壌の化学的構造は酸沈降を中和あるいは緩和するのに有利である。酸沈降は主として樹木の新陳代謝が最も活発でない冬期に発生する、これは客観的に酸性雨の日本への影響を軽減するのに有利である、などである。これらの研究は地域環境問題の深刻さに対する市民

の現実的関心を一定程度弱めることになってしまった。市民が地域環境問題に対してしかるべき危機感を欠いてしまうことは、環境協力を促進する民間の原動力を不足させることを意味する。

4.3　歴史的経緯に基づく問題

複雑に入り交じっている歴史的問題が、東北アジア地域協力における3つの中心的国家の主導的役割の発揮を妨げている。日本は東北アジアの国々との関係の正常化を実現したが、植民地侵略戦争に対する認識の違いから、環境協力にはことのほか慎重になっている。日露領土紛争、台湾問題、南北朝鮮分裂、大陸棚の線引き争い、2つの異なった社会制度など、敏感な問題が比較的単純な環境問題を複雑化させている。

このような複雑な環境の中で、日本はこの地域の最初の経済強国であるが、道理にかなった主導的役割を発揮できているとはいえない。日本は往々にして環境協力のネットワークをアジアやアジア太平洋地域にまで広げ、他のアジアの国と同盟を築いて中国に外交圧力を加えることにより、環境保護への同意を迫ろうとする[28]。日本のこのような戦略は、日中の環境協力に影響を与えるだけでなく、協力の範囲を東北アジアに限定することを望む韓国の不満を招くことも考えられる。3つの中心的国家間の矛盾は、指導力の形成を妨げるだけでなく、地域の団結力や意識の育成にも不利になるだろう。東北アジアの環境協力は今日に至ってもなお、強力で各国を従わせる協力体制を作り上げていない。これは東北アジア環境協力の発展過程における主要な問題である。

---

25) P. Dauvergne, "Asia's Environment after the 1997 Financial Meltdown: The Need of a Regional Response", *Asian Perspective*, Vol. 23, No. 3, 1999.
26) 李鵬「環境保護必須適合中国国情」『新時期環境保護重要文献選編』中央文献出版社、2001年、49頁。
27) 李鵬「在中美環境與発展討論会上的講話」同上書、464頁。
28) この話は、EsookYoon と Hong Pyo Lee が1997年11月に行った日本の環境庁のある政府職員との談話からのものである。Schreurs & Pirages (eds.), *op. cit.*, p. 84.

4.4　問題克服のための提言

　以上の問題を克服し、環境協力の進展を加速させるため、東北アジアの国々は次のいくつかの面で作業を強化しなければならない。
　（1）　平等互恵の原則を確立し、環境協力を推し進める
　工業国はただちに汚染の移転あるいは公害の輸出を停止すべきであり、技術譲渡は他国に経済的負担を与えないことを基本ラインとしなければならない。日本は環境協力の重点を、アジア太平洋から東北アジアへと転換するべきであろう。そして地域環境問題における中国の責任については科学的客観的な認識を持つ必要がある。
　中国の経済急成長に伴い確かに深刻な環境問題がもたらされたが、中国の土地は広大で分散しやすく、中央集権的体制での処置で汚染の広がりを効果的に防止することができるだろう。それゆえ、中国が東北アジア地域の環境に及ぼしている危害は、「中国脅威論」で言われるほど深刻なものではないといえるだろう。また中国の発展戦略は、環境の犠牲を代償にした経済成長から持続可能な発展へと転換していることにも目を向けるべきである。ここ数年の環境保護関連の投資は過去数十年の総額を超えており、「退耕還林」プロジェクトも始動している。さらに「京都議定書」の原則を実行するため、石炭の年間生産量を13億トンから9億トンにまで減らし、2001年には価格250億ドルの比較的クリーンなエネルギー源である石油の輸入もしている。これは、中国が中国自身に責任を負っただけでなく、世界にも責任を負ったということを説明している[29]。
　地域環境協力で必要とされる大量の資金問題については、東北アジア環境開発銀行の設立によって運用することもできるのではないだろうか。東北アジアの資金力はかなり充実しており、中日韓3カ国の外貨準備高だけでも6000億ドルに達している。真剣に取り組むなら、成功の望みは大きいものになるだろう。
　（2）　国家主権に正しく対応し、地域の持続可能な発展の推進を主旨とした協力体制を確立する
　植民地主義の侵略を受けたことがあるため、大多数の東北アジアの国々は苦労の末手に入れた主権独立を生命のように見なしており、また日本の

当時の「大東亜共栄圏」についての記憶はなおも生々しい。しかし、グローバル化や地域化が加速度的に進展している今日、絶対的な主権への固執はすでに時宜にかなっておらず、また同様に、いくつかの先進国が提起した「主権時代遅れ論」をそのまま受け入れることも中国の国情には適さない。より合理的な方法は、能動的に主権を制限すること、つまり地域共通の利益や民族国家の利益を最大限にするため、地域環境問題においては主権を部分的に制限あるいは譲渡することである。そうすることによってのみ、民族主義を超えた協力体制を作り上げることができるのである。

　この体制は中日韓3カ国を中心とすべきであろう。大国はその地域における自身の位置をよく認識し、地域のしかるべき責任を担い、国際的役割を最大限に発揮しなければならない。その体制では統一的な原則と多様な結合という方針を確立し、そしてそれを地域貿易や環境処理にも貫き続けなければならない。またこの体制は、地域の持続可能な発展の促進を重視しなければならないだろう。

　東北アジアの国々は、環境協力の重要性を認識し、環境問題による危害も理解しているが、しかし発展を競っているという現実的圧力のもとでは、まず経済成長や目先の利益に注目し、環境規制が競争力の低下を招くことを懸念する。しかし実際は、ハーバード大学と未来資源研究所との共同研究報告に、「環境規制と競争力に生じるマイナスの効果（悪い影響）との間には、必然的な結び付きを証明するいかなる証拠もない。環境規制がもたらす社会的費用は長期的に見れば大きいものだが、環境規制が貿易量の変化や工場所在地の選択などに及ぼす影響はきわめて小さいもので、統計上は示すまでもない」[30]とあり、日本の経験もその点を実証している。日本の環境白書は、「汚染規制投資の経済への影響は各工業領域で異なるが、マクロ経済からいえば、過去の高度経済成長過程でみられたほど大きな衝撃はない」と指摘している。経済協力開発機構（OECD）も日本の汚染防

29）朱溶基総理の博鰲アジアフォーラム第1回年次総会の記者招待会での回答。
30）林陽澤・李麗秋ほか訳『21世紀亜洲経済的展望與挑戦』中国社会科学出版社、1999年、363頁。

止対策と経済発展の状況を視察調査した後に同様の結論を得て、「比較的高い汚染規制費用が、GNP値・就職・物価・国際貿易などマクロ経済へ与える影響は、事実上無視しても差し支えない」[31]と考え、また環境整備と経済成長はどちらも手に入れることができるとしている。

東北アジアの環境協力は、持続可能な発展を基本的な指導思想として行動指針とすべきである。各国は先を見通し着実に、この体制の形成と発展を適切に進めていかなければならない。

（3） 環境NGOの発展は、東北アジアの環境協力のさらなる促進に有益である

NGOは政治の民主化と市民社会の成熟の産物である。政府との関係は建設的な批判を行うパートナー関係で、政府がしばしば軽視する環境問題を重視するよう促し、政府が行うことのできないいくつかの環境保護活動を行うことができる。NGOはまた、生まれながらに「国際主義」の行為主体であるため、専門領域での国際協力が容易である。日本全国には約1.5万の環境NGOがあり、平均して8000人に1つの組織が存在することになる[32]。韓国の環境NGOは軍事独裁に反対する民主化の過程の中で生まれたもので、その数は少なく勢力も弱い。中国の環境NGOは一応の発展は見たものの、その影響力はかなり限られている。特に東北アジアの環境NGO自体は活動力量は弱いが、しかし東北アジアの国々の税収制度改革に伴い、寄付金を募る力も大きく向上するものと信じている。ヨーロッパや北米と比べた場合、東北アジアはこの重要な方面において非常に大きな発展の余地がある。

東北アジア各国の差異と相補性は環境協力の要求を生み出すが、一方では発展競争は客観的に協力の広がりと深化を困難にする。しかし、各国のさらなる発展、実力の向上、国際競争の圧力の増大に伴って、東北アジアの国々は狭隘な国家利益を超越し、環境協力の全面的で深い発展を促進し、国家利益と地域利益の均衡と最大化を得ることができるであろう。

5 結　論

　グローバル化や地域化という世界の大きな流れの中で、東北アジアの協力はすでに帆を上げ出航した。環境領域においては、深刻な地域環境問題が工業化や都市化が進むにつれて絶えず拡大し、さらに悪化している。そしてその地域の経済発展や人々の生活の質に危害を及ぼすだけでなく、潜在的な環境の衝突を引き起こす可能性がある。このような状況のもと、東北アジアの環境協力は1990年代より活発になり始めて、政府側による二国間、多国間協力が主導的位置を占めるようになり、また環境NGOも積極的な促進作用を発揮するようになった。協力の内容も、共通認識を得るところから具体的行動をとることへ転換している。

　東北アジアの環境協力はいまだかつてない成果を得たが、歴史的に残された問題、経済発展レベルの差異、基礎的研究の弱さなどのために、人々が期待するレベルにはいまだ達しておらず、欧州連合などと比べても立ち後れていると思われる。東北アジアの国々は平等互恵を基礎として、一般の人々に環境協力に参加する積極性と能動性を発揮するよう十分に働きかけ、絶対的主権に固執する伝統的思想を改めれば、中日韓3カ国が中心となり、強力で実施可能、かつ持続可能な発展の推進を旨とした地域環境協力体制を確立することができる。

　東北アジアは21世紀の国際貿易や経済成長の重要な中心地となり、地域経済がさらに統合されれば環境協力に欧州連合のような場が提供されるだろうと予測されている。東南アジア諸国連合の急速な発展は東北アジアの協力に強い刺激を与えている。1995年、東南アジア諸国連合の呼びかけで第1回「東南アジア諸国連合と中日韓」首脳会議が開催されて、「10プラス3」の体制が確立し、金融・情報技術から環境保護など多方面にわ

---

31) 佐和隆光主編、王志軒訳『日本的大気汚染控制経験――面向可持続発展的挑戦』中国電力出版社、2000年、64-65頁。
32) 林家彬「環境NGO在推進可持続発展中的作用――対日本環境NGO的案例考察」国連「東北亜地区保護與扶貧」国際検討会論文、北京、2002年3月27～29日。

たる協力が促進されている。2001年、東南アジア諸国連合と中国の首脳会議で、双方は今後10年以内に中国・東南アジア諸国連合自由貿易区を設立することで合意に達した。この動きは日韓それぞれにも東南アジア諸国連合との自由貿易区設立への検討を促すことになった。

　一部の専門家は、東南アジア諸国連合との協力が深まると同時に、中日韓3つの「10プラス1」も相互に溶け合って、東南アジア諸国連合と並ぶ東北アジア協力組織が作られるかもしれない、と予測している。もしもこの予測が実現できたなら、東北アジアは欧州連合の「環境共同体」に類似したものを作ることができるかもしれない。少なくとも環境協力の進展は大きく加速するだろう。しかし注意しなければならないことは、植民地主義と冷戦の遺産が東北アジアではいまだ完全に合理的な認識と清算に至っていないことである。そのため、東北アジアの理想的な環境協力の実現にはやはり複雑で長い過程を要するのである。

　環境問題は主に人為的要素によってもたらされる。その発生や解決はすべて政治・経済・社会などの発展と密接な関係がある。東北アジアの地域環境協力も、当然その地域の政治・経済・社会・軍事安全保障・国際関係などの要素に制約されており、環境協力の過程における困難や曲折も1つの側面から東北アジアの全体的協力の緊迫感と複雑さを反映している。東北アジアの国々にはまだやらなければならない困難に満ちた仕事が多くある。

第8章
東北アジア環境文化の
交流と建設

はじめに

　環境文化とは、人類の環境との関係の中で形作られた様々な観念・技術・制度などの文化を指す。本章では東北アジア地域における環境文化の交流と発展の歴史について分析し、その中からその環境文化建設の特徴と意義について見ることとする[1]。言語その他の制約から、本章では中国・日本・韓国の3カ国を研究対象としたい。

1　古代東北アジアの環境文化

1.1　東アジア文化圏における儒家思想の形成と伝播

　古代の東アジアでは、資源環境が限られていることと、その間の頻繁な文化交流によって古代東アジア文化圏が形成された。この文化圏の中で、中国を中心とする地域的な礼制体系（中華帝国を中心とする朝貢と冊封のシステム）が形成された。周辺の朝鮮半島・日本・ベトナムなどの地域は強く中国文化の影響を受け、文化的共通性を有することとなった。その主要な特徴は、漢字が文化の媒介となり、儒家文化がその中心的文化となったことである。

　儒学は漢の武帝の時期に朝鮮半島へと伝わり、三国時代に国学となった。百済を経て日本へと伝来し、早い段階において儒学は日本の正統的な思想となった。宋明理学（宋学）は朝鮮の李朝時代と日本の江戸時代に大きな影響力を有していた。「儒学はその頃（13～19世紀）の東アジア文明を体現したものであった」、「その時代は儒家の時代であった」と考える学者さえいる[2]。当時の環境文化は当然ながらこの大きな文化によって有機的に形作られた1つの部分である。

　儒家の環境観は古代東北アジアに共通する環境文化であった。荀子の「天人相分」の主張もあるが、儒家が人と自然の関係を見る際の根本的な思想は「天人合一」である。孟子は天と人の性は一貫であり、人の性は天

に受け、心を尽くせば性を知ることができ、それゆえ心を尽くし性を知れば天を知ることができると考えた。宋代理学の程顥はさらに一歩を進め、「人と天地は一物である」、「天と人はもともと2つのものではないのであって、合すると言う必要もない」(『二程遺書』)と考えた。この基本的な思想のもと、儒家は多くの環境への認識を展開させた。

　孔子は「節用」と「使民以時（民を使うに時を以てす）」を提唱した。「節用」とは自然の資源を限度を持って利用することであり、「使民以時」とは季節の変化の規律を尊重することである。孟子は「梁恵王章句上」の中で「農業を行う時を間違わなければ、穀物は食べても食べきれないほどできる。また、（小さい魚を取り尽くすような）目の細かい網を池に入れなければ、魚や鼈（すっぽん）は（繁殖して）食べても食べきれないほどになる。適当な時期に斧斤を山林に入れれば、材木は（生育して）いくら用いても用いきれないほどになる」[3]と述べている。儒家は生物と居住環境の関係がわかっていたのである。「山林は鳥獣の住むところである」、「山林が茂っていれば、禽獣はそこに帰す」、「樹木が大きくなり陰ができれば、多くの鳥がそこに生息する」、「川淵が枯れると龍魚はそこを去る」、「山林険しければ、鳥獣そこを去る」というように、儒家は食物連鎖を主とするような生態系内の栄養循環をおぼろげながら意識していたのである。

---

1) 世界環境史の区分は一般の世界史の区分とは異なると筆者は考えている。世界環境史は3段階に分けられる。①古代＝人と自然の基本的調和の段階、②近代＝人類が自然を征服し利用する段階、③現代＝近代工業文明を超越した生態文明へと向かう新たな段階である。この3つの段階は、1492年にコロンブスがアメリカ大陸に到達して東西の半球が1つになったことと、1969年に人類が月面着陸に成功したことが画期となっている。説明すると、この2つの年代はおおよその目安となるもので、そのとき発生した一連の人類の発展に影響を及ぼした重大な事件を代表しているものである。このことについては拙稿「環境史：歴史・理論と方法」(『史学理論研究』2000年4期)を参照されたい。東北アジアの環境文化の発展全体はほぼこれと符合しており、本章ではこの時代区分の方法を利用する。なお、日本の江戸時代は年代的には近代に分類されているが、内容的には儒学の繁栄していた時代であり、さらに鎖国政策が行われていたことから、古代環境文化の範疇に含めることとする。

2) 高柄翊（韓国）「儒家的時代」中国文化書院編『論中国伝統文化』北京三聯書店、1988年、97-121頁。

3) 「不違農時、穀不可勝食也。數罟不入汙池、魚鼈不可勝食也。斧斤以時入山林、林木不可勝用也」『孟子』梁恵王章句上。

例えば、「養い育て方が適切な時であれば、六畜は成育し、伐採や育成が適切な時であれば、草木は繁殖する（養長時、則六畜育。殺生時、則草木殖）」（『荀子』王制）などである。

　こののち、儒家は自然を保護し、管理する思想を提起した。荀子は「草木が咲き、葉が繁り発育する時期には、斧斤を山林に持ち込まないようにするのは、その生命を途中で止めず、その成長を絶つことのないようにするのであり、魚や亀などが卵を持ち、稚魚がようやく独り立ちする頃、大網や小網や毒薬を持って沼沢に入ることを禁止するのはその生命を途中で止めず、その成長を絶つことのないようにするのであり、春に耕し、夏に草刈り、秋に収穫し、冬に貯蔵することについてそれぞれの時を失わなければ、五穀は絶えることなく、民は食糧に余裕があるのであり、池沼川沢などは時節による禁止を厳重に守れば魚は十二分に繁殖して、民はそれを利用するのに余裕がある。伐採や育成がその時を失わなければ、山林ははげ山にはならず、民は燃料や用材にあり余るのである」（『荀子』王制）[4]と述べた。このため、専門に環境を管理する官職を設置した。それは虞師であり、その職責とは「山沢の火法を制定し、山林や藪澤の草木・魚・すっぽんや種々の蔬菜を保護・栽培し、必要に応じて禁止し、あるいは開放し、国家が用に事足って、財物がつきることのないようにする（火憲、養山林藪澤草木魚鱉百蔬、以時禁發、使国家足用而財富不屈）」（『荀子』王制）というものであった。

1.2　日本における儒家思想の吸収と独自の展開

　儒家思想が日本に伝来したのち、日本の思想家はそれを吸収するとともに日本の具体的状況に基づき独自の環境観へと展開させた。熊澤蕃山（1619～91）は朱子学と陽明学の思想の中から自然保護の原理を導き出した[5]。熊澤は朱子学の「万物一体」の観念を継承し、天地の万物はすべて同じ元素を起源とし、もし、適切な時もしくは正当な理由がなければ、善良な人は草木を傷つけることはできず、また、鳥獣虫魚を傷つけるはずもないと考えた。これから見ると、彼は日本で発生した山荒川浅の根源は寺社の建設や築城開田・鉱山の開発・海塩の採取や陶瓷器の製造などによ

る過度な燃料と原料の消費と森林の伐採にあると考えた。解決する方法は合理的な森林政策の策定である。「もし、適切な時に木薪の伐採を減らし、寺やお堂を造ることを少なくすれば、山林はかつての姿を取り戻し、河川はかつての深さとなる（若適時減伐木薪、又寡建寺造堂、使山林復昔日之盛、河川現舊時之深）」という。

　安藤昌益（1703～62）は熊澤の思想を継承発展させ、「直耕自然観」を提唱した。安藤は、宇宙自然の万物と有機の調和とは本源的な存在物である「土」を基礎とした四大元素と8つの気の相互作用と不断の調和の変化の上に成り立つものであると考えた。土の進退などの自我運動はすなわち「直耕」であり、その中の農業と男女の交配がすなわち人類の直耕である。人の社会の生産と生活は完全に田地自然と一致しなければならず、このような世界であれば無限に永続することができるのである[6]。安藤の思想の中からは、彼が商業と鉱業に反対していたことを見出すことができる。商道とは耕さず食をむさぼり、専ら私利を追求する諸悪の根源であり、鉱業は自然を掠奪し破壊するだけではなく、汚染を引き起こすものであると考えた。このように見ると、日本の古代の環境文化は人と自然との一体性を重視し、自然への過度な搾取に反対しているようなものであった。

1.3　朝鮮における儒家思想の発展

　儒学が朝鮮半島に伝来したのち、李朝の学者は勢力を増した。徐敬徳（1489～1546）は朱熹の気本論を継承し発展させ、独自の気一元論を提示した。彼は「万物は気であり、始まりもなく終わりもない、生まれることもなく消滅することもない、恒に久しく変わらないものである。宇宙の現象の変化と生成消滅は一元の気の聚散である」と考えた。この哲学思想の

4）「草木栄華滋碩之時、則斧斤不入山林、不夭其生、不絶其長也。黿鼉魚鼈鰍鱔孕別之時、罔罟毒薬不入澤、不殺其生、不絶其長也。春耕夏耘秋收冬蔵四者不失時、故五穀不絶、而百姓有余食也。池淵沼川澤、謹其時禁、故魚鼈優多而百姓有余用也。斬伐養長不失其時、故山林不童而百姓有余材也」『荀子』王制。
5）加藤尚武「熊沢蕃山的自然保護論」王守華・戚印平編著『環境與東亜文明：東方伝統環境思想的現代意義』山西古籍出版社、1999年、101頁。
6）泉博幸「安藤昌益自然思想的現代意義」同上書、114頁。

基礎のもと、彼は当時行われていた自然の掠奪に対して、厳しい批判を行っている。彼は当時の喪制と墓域の管理は「田野が尽く荒れ、余地がない」という深刻な結果を招き、森林の乱伐と農地の侵食は「民が穀物を刈り収める農地がない」という事態に至らせたと考えた。採石は山野の形態や石質を破壊するだけではなく、さらに「毒を畿内の民に流す」とした。

李退渓（1501～70）は朱子学を学んだのち、朝鮮の自然と社会の現実とを結合させ、その体系化を図り、性理学をその代表とする退渓学を作り上げた[7]。彼は人類と万物の生成はすべて理と気からなるものであり、それゆえ人類と万物は同一のものである。しかし、気には偏正の分があり、陰陽の正しい気によって生成される人類は万物霊長の地位にある。しかしながら、人は自然の偉大さと原始的な姿を通じて自身の本来の姿を取り戻し、自然との合一を通して自然そのものと自然を受け入れることを理解する。両者が融合して至善の域に達することによって聖人となることができると考えた。

李仲文は、李退渓の言語は如実に性理学の自然観を概括していると述べている。彼は「清明高遠の胸中で余暇に美しい自然の景色を観賞し、あるいは深夜に明月を鑑賞しているとき、自然の中で、自らの意志と自然とが融合し、天人合一に達し、一種の至極の神秘を感じる。この澄み切った精神、ゆったり落ち着いたさっぱりした感覚は言葉にならない快楽の境地である」と言う[8]。朝鮮古代の環境文化は交感を通じて人と自然が合一に達するということを重視したものであった。

1.4　東北アジア地域における環境思想の共通性

古代東北アジアの環境文化には、それぞれ多少の差違と国家ごとの特性が見られるが、「天人合一」を尊重しているという共通性も見られる。それは西洋の環境文化と比較したとき、特に突出した点として見ることができる。これは一種の有機論的自然観であり、自然を尊重すると同時に、限りある自然の利用を強調し、自然の愛護と管理を説き、さらには自然を人格として昇華させるものであった。それは人性と人間の変化を自然界の変化と連動させるものであり、当時の統治階級に対しても一定の道徳と現実

の状況への保障があった。儒家は際限のない狩猟は自然の種のバランスを破壊するだけではなく、淫らな行為と不吉の予兆であると捉えた。それに対して、自然の保護は長久の統治を助けるもので、それは「聖王之制」であると考えた。

しかし、古代東北アジアにおいてはバビロン・古代エジプト・古代インドのような文明の崩壊や中断のような状況は見られないものの、確実に大量の環境破壊がなされていたことがわかっている。中華文明の重心の移動は黄河流域の環境が破壊されたことへの対応と見ることができる。マーク・エルビン（Mark Elvin）は、中国の環境圧力とその危機は18世紀に西欧と比べて深刻であったと考えている[9]。これは古代東北アジアの環境文化が完全に普通の民の日常生産と生活に対する枷たりえなかったということである。エルビンは、儒家の環境観の中には文人が捨て去ってしまった素晴らしい環境への哀嘆があるが、それは真の環境を保護する行動の綱領ではなかったと言う[10]。

東北アジアの古代環境文化の中には多くの合理的で前衛的な環境に対する知恵が存在し、現代の環境保護運動に対して非常に有意義な啓示を与えるものである。しかし、それは結局のところ農業時代の文化であり、歴史的に限界があることは免れようもなく、人口圧力などの現実問題に直面するときには必然的に無力なものとなってしまうのである。

---

7) 高令印『李退渓与東方文化』廈門大学出版社、2002 年、35-36 頁。
8)「以清明高遠之襟懐在閑暇時観賞美麗的自然景色或深夜観賞明月之時、在自然中将自己的意志与自然融合起来、達到天人合一、感受到一種至極的神秘、這種清澈精征・従容灑落的交感、是一種無法用語言来描述的快楽境地」。樸文鉉（韓国）「李退渓的自然観和環境問題」王守華・戚印平編著、前掲書、46 頁より引用。
9) Mark Elvin, *The Retreat of the Elephants: An Environmental History of China*, London: Yale University Press, 2004, p. 460. ケネス・ポメランツは、ヨーロッパでは 1800 年以前は中国に比べて受けた環境圧力は大きいと考えている（彭慕蘭『大分流：欧洲・中国及現代世界経済的発展』江蘇人民出版社、2003 年、第 3 部分）。
10) 包茂紅「中国環境史研究：伊懋可教授訪談」『中国歴史地理論叢』2004 年第 1 輯、129 頁。

2 近代における西洋の環境文化の東北アジアへの移植

2.1 西洋近代思想の東北アジアへの流入

　西洋と東洋が出会ったのち、世界の一体化が始まった。西洋の近代科学と近代工業主義は相次いで宣教師と植民者とともに東北アジアに伝わった。しかし、東北アジアの3カ国それぞれの国力と地理的条件の違いによって、その伝来は時期が前後し、また、直接的に伝わったのか、間接的に伝わったのかという違いがある。いち早く1517年8月には、ポルトガル人がマラッカ貢使を装って朝貢を名目とした中国との往来を始めた。1543年になるとポルトガル人が船に乗って日本の種子島に到達し、日本と西洋の往来が幕を開けた[11]。朝鮮で最も早い西学は西洋人との直接的な往来によるものではなく、毎年、明・清朝に派遣されて北京に赴いた使節団の人員によってもたらされた[12]。

　のちに、東北アジア各国は相次いで門を開き、西学がなだれ込むように入ってきた。「夷の長なる技術に学び、夷を制する」、「中学は体であり、西学は用である」というような西学との衝突があったが、西洋に学び西洋の侵略を防ぎ止めるということにおいてあまり大きな区別はない。この点について、日本は迅速に「脱亜入欧」の戦略を確立し、第一次の近代化を展開した。中国と朝鮮の近代化への歩みは困難なものとなった。日本が飛躍したのち、拡張の矛先をその近隣に向け、朝鮮と中国の一部の地域は日本の植民地となった。これにより、日本の文化が強制的にこの地域に移植されることとなったのである。

2.2 農業近代化による日本農業の変容

　この時期の環境文化は、西洋近代の環境文化が東洋にもたらされ、富国強兵と近代化という背景の中で、徐々に東北アジア国家の主導的文化となっていったといえる。このような環境文化は主に農業生産の中に浸透した。まずは、農業近代化の展開の中に現れる。東北アジア古代の農業は現地の環境に適応して発展してきたものであり、集約型の労働力の投入によって

限りある土地を耕種し、多様で複雑な複合的耕種を行うことによって、単位面積当たりの生産量を上げるというものであった。これは西洋の近代農業とは大きく異なる点である。

　日本農業は中国農業の影響を受けた後、特色のある農学体系を形作ったが、洋学が入ってきた後には急速に発展の方向性を変化させた。その中の重要な画期は明治政府が開設した農林学校とその中で農機具を伝授し広めた教師である。1872年10月、明治政府は内藤新宿に試験場を設置した。1877年1月、そこに農事修学場を開設し、同年12月には駒場に移転し、駒場農業学校が成立した。1886年には東京山林学校と合併して東京農林学校となり、1890年には帝国大学農科大学へと発展した。これは現在の東京大学農学部の前身である。駒場農業学校の外国人教師はすべて英国人で、英国の農学知識を専ら講じ、日本の農業については理解していなかった。その中の日本人教師である船津伝次平は順調に西洋の農学を受け入れた。彼は、自然とは克服できる対象であり、動植物の品性は人類に利益のあるような方向に転化しなければならず、人類は適切に自然を改造すべきであると考えた。この自然観は明らかに西洋の自然観に近づいたものであり、自然を人と調和するものであるとする東洋的な自然観ではない。肥料に対する認識についても、彼は西洋の分析化学の知識を受け入れた。彼は化学的実験をしなかったが、1888年に農民に対して講演をしたときには、窒素は茎の葉を茂らせる養分に富み、リンは茎を組織させる養分に富み、炭酸カリウムは根と茎の表皮を組織させる養分を多く含んでいると述べた。

　もう一人の当時の日本農学界の代表的人物が現代農学家の津田仙である。津田はオランダ語と英語が堪能で、以前、外交通訳としてアメリカを訪問したことがあった。また、1873年には西洋農学を研究するためにウィーンで開催された万国博覧会に参加した。オランダの農学家ダニエル・ホイブレイク（Daniel Hooibrenk）に師事し、農業栽培三大法（埋気筒法・圧枝法・人工授粉法）などの農学の新しい知識を学んだ。帰国後改良を加え、

11）于桂芬『西風東漸：中日摂取西方文化的比較研究』商務印書館、2001年、4頁。
12）李元淳（韓国）、王玉潔ほか訳『朝鮮西学史研究』中国社会科学出版社、2001年、322頁。

小麦から水稲に応用することに成功し、日本農業を発展させた[13]。彼は自分の研究と実践を2冊の『農業三事』にまとめて刊行し、「学農社」を設立して『農業雑誌』を刊行、西洋現代農法の普及に努めた。1870年には、福岡で西洋現代実験農学による福岡農法を行った。この農法は厳格な種子の選択から始まり、深耕と施肥の技術を利用して農業生産力を向上させるというものである。深耕はこれまでの水田のモデルを変え、湿度を下げる効果があった。湿度を下げることによって耕地を整理することができるのである。日本政府は1899年に「耕地整理法」を制定し、強力に耕地の整理を推し進めた。この農法は、当時の日本が求めていた急速な食糧の増産という目的に適応していたため、迅速に日本全国に普及した。それは、日本の農業が工場式生産を導入する道を作ったのである。日本農業のこの変革を「日本の農業革命」と称する学者もいる。

　第2次世界大戦後、アメリカの農学知識が日本に入り、糞尿を田畑の肥やしとし生活廃棄物を肥料とするという日本の伝統をやめ、化学肥料とDDTなどの大量の農薬使用が導入された[14]。このような近代農業は土壌の造成に危害を与え、食品を通して伝わる汚染が発生し、さらに現場の環境の破壊は人々を驚かすほどのものであった。まさに現代日本の農業哲学家である祖田修が「現代農法のこの種の悪性循環は生態環境へ深刻な圧力を加え、野生生物の数量を減少させ、食物の安全性を低下させることとなる」と言うとおりである。さらに、「私たちは自然との行き来の中で本来得ることができる知恵や自然への畏敬・驚嘆・感動・配慮・祈り、自然と労働への感謝などを失った」と言う[15]。

2.3　西洋農学の中国への伝播

　中国の農学知識はそれと対応した変化を遂げた。中国の伝統農学には持続可能な発展の思想があったが[16]、西洋の農学知識が伝来する前、中国農業は人口圧力の増大に対応するため、荒れ地を開墾して耕地面積を拡大させたり、多毛作を行い単位面積当たりの増産を図ったり、品種を増やして新たな作物を導入し、食物の提供源を増やすことなどを行った。しかし、多毛作の作付面積は思うようには増えないなど、これらの方法には自然の

限界もあり、中国農業は衰退過程に陥ることとなった。中国の農学は発展したが、陰陽五行の理論に基づいて農業生産の構造や農作物の生長発育の過程の段階を解釈するなど、その基本的な考え方は停滞していた。この理論は農作物の生長と環境条件の不可分な関係を強調し、ある程度は作物の生長の規律を反映させているが、それは抽象的な大枠の原則に過ぎず、生物の体内に深く入り込んだものではなく、また、完全に農作物の開花から結実に至るまでの肝心な時期の細かな点に至るものでもない。中国の農具は17世紀以前、世界の先進的な位置にあった。しかし、その後300年余りは停滞状態にあった。ちょうどそのとき、西洋近代農学が中国に入り、中国農業はゆっくりと変化を始めた。西洋農学は顕微鏡などの実験技術を利用し、次第に遺伝と交雑の技術を発明した。それは農作物の品種の改良と新品種の開発を促進するとともに、農業の実践段階において、高い生産量と効率性を目標とする専業化・大規模化・化学化と機械化の経営モデルへと徐々に展開した。

　西洋農学が中国へ伝播する際、主に4つのルートを通った。第1は中国が日本と欧米に留学生を派遣し、近代の農学知識を学習した場合である。光緒12年（1886年）、中国から日本への留学生13人が派遣され、光緒32年（1906年、即ち明治39年）にはその数が1万人に達した。日本へ留学生を派遣するとともに、清国政府は留学生を欧米各国にも派遣し、農業と関係する物理・化学・生物と博物学を学ばせた。

　2つめのルートは日本と欧米の教習（教師）を中国へと招聘し、学校で西洋農学を普及させるというものである。光緒29年（1903年）には148人、

13）李光麟（韓国）、陳文寿訳『韓国開化史研究』香港社会科学出版社、1999年、244頁。
14）劉大椿・明日香寿川・金淞ほか『環境問題：従中日比較與合作的観点看』中国人民大学出版社、1995年、102-103頁。
15）祖田修、張玉林ほか訳『農学原論』中国人民大学出版社、2003年、20、23頁。
16）李根蟠教授は、中国の伝統農業の持続可能な発展の思想と実践における主要な内容を5つにまとめている。1つは、「不失其時」、「以時禁発」、「順時宣気」である。2つ目は「地力常新壮」、「土脈論」であり、3つ目は、「相継以生成、相資以利用」、4つ目は「変悪為美」、「余七相培」、5つ目は「生之有道、用之有節」である。李根蟠「循環経済・伝統農業与可持続発展」倪根金主編『生物史與農史新探』万人出版有限公司、2004年、参照。

翌年には234人の日本人教習（教師）を招聘し、宣統元年（1909年）には549人にまで増加した。その教師の中には高等農業学堂において農学・動物学・植物学などを教授した者もいた。清国政府はまた、欧米の教師も招聘した。清末から民初の1916年までに、全国に329の農業学校ができた（その中には6つの高等農業学堂が含まれる）。1933年には、全国の高等農業学校は11ヵ所に増え、各農事試験場は552ヵ所に増えた（その中には国立・市立・県立・私立を含む）。アメリカにおける農業教育・科学研究と技術拡大の3つが結合したモデルは、中国農業教育の近代化に大きな影響を与えた。

　3つ目のルートは西洋近代農業の著作を翻訳し、近代農学の知識を普及させるというものである。この中には中国人が直接翻訳したものと中国にいた外国人が翻訳したものもあったが、大部分は日本人が西洋の書を翻訳したものであった。それらはおよそ1880年代から中国に入り、日清戦争後に加速した。日本語の翻訳著作には、日本人が西洋言語の西洋農学の著作を翻訳したものもあれば、日本人による東洋農学の著作もあり、さらに日本人が西洋農学を消化吸収したあとの著述もあった。中国語訳で影響が最も大きかった農学の叢書は、7集82冊の『農学叢書』である[17]。

　第4は、直接日本や欧米から農業科学技術を導入し、中国の伝統的な農業を改造し、中国の農業科学技術が近代化を始めた場合である。中国はアメリカからアメリカ綿花・小麦・トウモロコシ・水稲・大豆・コーリャン・落花生・タバコなどの良質の種を導入するとともに、アメリカの育種専門家の協力のもと、取捨選択をして、中国の土壌と気候条件に適応する斯字綿・徳字綿・珂字綿・岱字綿・金皇後玉米・武功白玉米などを栽培した。さらに、中国は日本・アメリカから大量の近代的農機具を導入し、黒龍江の公司は1915年に初めてアメリカからトラクターを導入して大農場生産経営を始めた[18]。中国は当時、農業国家で、人口圧力は大きかったが、国家の面積が広大で農民の知識水準には限りがあったため、西洋の近代農学の知識の伝播も限定的であった。しかし、中華人民共和国成立後、国家は政治権力を利用して、強行に農業の西洋化を実現した。それは食糧供給を保障するとともに、非常に深刻な環境問題を発生させた。このことは、

今日の中国になってわかったことである。

2.4 西洋農学の普及と植民地化による朝鮮農業の変質

　朝鮮農業の変化は2つのルートを通じてなされた。1つは日本・欧米に学んだ場合であり、2つめは日本の植民地主義者が強引に改造した場合である。

　1881年春、朝鮮は紳士遊覧団を日本へ調査のために派遣した。その一員であった安宗洙は津田仙と会い、彼から近代西洋農法を学んだ。そして帰国後、その年に、朝鮮史上最も早い近代農業技術書である『農政新編』を編纂した。この書は近代科学を基礎とした植物学と農芸学から始まり、土壌の性質・糞培・六部耕種など農業生産の一連の技術を詳細に分析したものであり、朝鮮農業近代化の啓蒙書としての役割を果たした書である[19]。

　1884年、遣米使節の答礼使節が帰国した後、国王の協力のもと、農務牧畜試験場が設立された。団に随行した崔景錫が管理員となった。彼は大量の種子（菜種・穀種・油種・綿類・瓜類・果類・薬類・花類・染料類・煙草類等）、家畜（牛和馬）、農機具（割禾器・打禾器・栽植器・灑田糞器具・洋秤・和犁耙など）をアメリカから導入した[20]。試験場で栽培した農作物は、1年目は豊作となり、収穫した種子は全国の各郡県に配給され、栽培が広められた。

　しかし、アメリカが派遣を許可した農業技師が到着しなかったため、英国の農業技師であるジェフェリー（R. Jaffray）が朝鮮に至り、農務司に雇用された。共同規定によると、彼の主な職務は以下のとおりである。イギリスの農法、すなわち小さい土地で多くの収穫量を得るという方法を基

---

17) 韓輝「中国伝統桑樹栽培技術的伝出與近代外国植桑技術的引入」倪根金主編『生物史與農史新探』万人出版有限公司、2004年、644頁。
18) 潘志忠「近代美国農業科技的引進及其影響」同上書、617–629頁。
19) 李光麟（韓国）、前掲書、241–253頁、参照。
20) 詳しくは李光麟引用の『美案』、『試験場各種目録』、『統署日記』の記載と表を参照のこと（同上書、227–232頁）。

本として地質を改良すること。広い牧畜・家畜場を設営し、繁殖させること。荒れ地の開拓を指導すること。農務学堂を設立し、その授業と管理に責任を持つことであった[21]。政府が設立した学堂・農場・牧場では人材が欠乏し、予想していた目標に到達しなかったが、小麦などの穀物類と外国品種の野菜はある程度民間に普及し、近代農業方法は次第に朝鮮に根付き、芽吹き始めた。

　日本による占領時、日本は自国の農産品不足を解決するため、朝鮮で日本の品種の米（日本人の主食である）と綿花（繊維工業の重要な原材料）を広く栽培した。1906年、日本は朝鮮に朝鮮統監府勧業模範場を設立した。その目的は日本式農業の普及であり、生計を立てることができない朝鮮農業を発展させ、封建時代にはすでに朝鮮の農業技術を超越していた日本式農業を行うことであった。具体的にいうと、朝鮮で強制的に福岡農法を行わせることであった。日本の植民者は朝鮮の1450の水稲品種が現地の自然環境に対して「適地適種」の特性を有していることを全く顧みず、日本の江戸時代の多肥多収性を主目的とした優良品種である日本の水稲を強制的に移植・普及させた。これによって、朝鮮の稲品種の利用率は1912年の97.2%から急激に減少し、1935年には17.8%となった。さらに、日本帝国主義は強力に「旱田から水田への転換」を推進し、朝鮮の環境特性に適合していた「輪畬栽培」「2年3作式田作付法」「幹畬栽培」などの輪作体系を強制的に変えさせた。この方法は完全に朝鮮の水稲の独特で多様な遺伝資源を無視したもので、朝鮮の風土によって多様化し、形成された水田農業と旱田農業の天然合一的で独特な農法体系を完全に無視したものである。農業生産を市場化・商品化の軌道に引き入れることは、植民地的な水稲モノカルチャーを形成し、根本から朝鮮農業の生産力の構造とその中の人と環境との関係を改変することとなった。第2次世界大戦直後のアメリカの占領時期、朝鮮の農業生産は工業化・化学化・商品化がさらに進み、さらに多くの環境問題が表面化した。

2.5　東北アジアにおける有機生態農業の必要性

　東北アジアにおける伝統的農学の主導的地位は、近代に入ると西洋近代

農学の知識に取って代わられた。伝統的農学の中心的部分である農業の全体性の強調や農業と環境の協調への配慮、農業生態系内部の物質循環とエネルギー転換への注意、風土に適合した複合的な耕種の提唱と実践などは、長い生命力を保つ考え方である。西洋農法を推し広めることは、生産量を高め、人口増加による食糧需要を満たすという目的を達成することができるが、そのなかの二元論・機械論と人を中心とした思想は、環境に対して非常に深刻な負の影響を与える。東北アジアの農業は近代工業型から有機生態農業へと転換する必要があるのである。

2.6 日本の公害問題とその原因

　東北アジアの工業化は植民地主義による開国から始まった。第2次世界大戦以前、日本の工業化のみが迅速に進展し、中国と朝鮮の工業はある程度、ある範囲内において日本帝国主義の経済軌道に組み込まれることとなった。この2つの国家でも多くの工業汚染事件が発生していたが、日本で発生した「鉱毒」事件が最も典型的なものであった。

　鉱毒の主要な発生は、足尾銅山・別子銅山・日立鉱山と小坂鉱山の4カ所で、その中の足尾銅山の鉱毒は深刻であった。足尾銅山は東京に近い栃木県内に位置する。1885年、古河財閥の経営となったのち、その産出量は大幅に増加し、汚染もそれに従って大幅に増加した。この鉱石には30～40％の硫黄が含有されているため、精錬の際、人体に有害な大量の二酸化硫黄と重金属の粉塵が発生する。排水は河に流れ、人と動物を中毒させ、農地を汚染した。排気ガスは大気を汚染し、周囲の樹木を漂白し、枯死させる。これに加えて銅の製錬所に大量の燃料を提供するため、樹木が乱伐され、森林の消滅・水土流失を招いた。さらに河川水の変質と魚類の死滅、河床の天井川化と氾濫、さらには周囲の農田の固化による生産量の低下も

---

21) 農務学堂は2科に分かれており、実習と試験を行った。諸学徒は農務に関わる事柄を実習し、授業を受けて試験し、在学して農理を究めた。学生たちの必修科目は、4等生は農学初歩・耕圃学・数学・実施、3等生は果実学・普通農学・数学・実習、2等生は農器学・森林学・数学・実習、1等生は家畜学・農業化学・数学・実習であった（同上書、236頁、脚注3、参照）。

発生した。度重なる暴雨と洪水によって廃水が頻繁に外に流れ、被災範囲が拡大した。この地区の出生率は大幅に低下し、死亡率は大幅に上昇した。

　第2次世界大戦後、日本は第2の飛躍を遂げるが、経済的な奇跡を起こすと同時に「公害大国」の汚名を着せられることとなった。経済学者の内野達郎が「昭和40年代（1965〜1974）前半は日本経済の黄金時代で、光り輝いていた時代であったが、同時に高度成長によって各種の矛盾を引き起こした苦痛の時代でもあった」と言うとおりである。その中で最も人々が注目していることは、ほとんど日本全国において環境公害が広がっていたことである。それは、水と大気汚染によって引き起こされる各種の疾病、都市の騒音、新幹線と空港の騒音、自動車の排気ガスによって起こる光化学スモッグなどである。悪名高い水俣病は疑いのない日本における戦後最大の公害である。

　水俣はもともと南九州西岸の半農半漁で生計を立てる、山と水に接した美しい一村落であった。しかし、1956年、1人の水俣病患者が認定された。この病は、人あるいは動物が有機水銀に汚染された魚介類を摂取し、脳の神経細胞が破壊され引き起こされる統合疾病で、その病状は通常視野の狭窄や運動能力の失調、言語障害などが起こり、深刻な場合には狂気乱舞して海に飛び込み死亡する事例さえあった。不完全な統計ではあるが、水俣病に汚染された人口は20万人に達し、それはさらに次世代にまで影響を及ぼすものである。この病は「被害者の広さと被害の状況が悲惨であるという点において、広島・長崎の原爆という人為的災害に次いで世界史上最も恐ろしい公害病である」と考えられている。

　なぜ、日本は急速な工業化の過程の中でこのような人類の健康に危害を与えるような環境問題を発生させてしまったのだろうか。技術水準が限界に達していたためと言う人もいれば、環境条件が局限にまで至っていたためと言う人もいる。私はその根本的な原因は、「産業優先、成長促進」という一方的な発展戦略を進めたためではないかと考えている。この経済成長第一を強調する競争型の戦略は、遅れた者は打たれるという不平等な国際秩序のもとで形成されたもので、それは日本の第2次飛躍へとつながったが、その中で完全に人と環境の関係を見落としてしまったのである。第

2次世界大戦の前、日本は全力で産業革命と軍備拡張を推進するため、手段を選ばず、外貨を儲けることのできる鉱業の開発を行った。「脱亜入欧」の考え方によって、東洋の環境観は西洋の人間中心主義の環境観に取って代わられることとなった。西洋近代の環境観は、人と環境を対立させ、人間が環境を征服し、支配することを尊び、資源環境とその自浄能力の有限性を無視したものである。日本は自らの環境観を無視した。それは、思想文化の中から環境を破壊する道を開いたことを意味する。思うに、このような発展戦略の中では、急速な経済の成長は達成できるが、環境への危害はますます大きいものとなってしまうのである[22]。

2.7 韓国・中国の環境問題とその要因

朝鮮戦争ののち、韓国は経済的に飛躍し、「漢江の奇跡」を成し遂げた。しかし、1970年代以後の重工業の発展の中で、各工業圏において工業汚染が頻発した。蔚山地区の大気は急速に汚染され、工業圏からの廃水は蔚山湾漁場を徹底的に破壊したばかりでなく、日本の水俣病に類似した蔚山（Onsan）病を発生させた。

韓国と類似して、中国の経済発展も全世界に注目されるような成功を遂げたが、中国の環境問題もそれに応じてますます深刻な状況になっている（ただし、国家環境保護総局は当局の文書において、一貫して「全体的には悪化しているが、局部では好転している」と述べている）。中国の経済成長の方法と資源環境との矛盾はますます際立ってきており、高投入・高消耗・高排出・不協調・悪循環・低効率と表現されるような持続不可能なものとなっている。中国の工業成長は基本的に物質資本の追加投入（97.3％に達する）によるものである。「高消耗」による「高成長」は必然的に高排出・高汚染を引き起こし、GDP当たりの廃水排出量は先進国に比べて4倍に上り、工業の生産額当たりの固形廃棄物は先進国の10倍以上である。2003年の中国の工業と生活廃水排出総量は453億トン、その中

---

22) 包茂紅「日本環境公害及其治理的経験教訓」『中国党政幹部論壇』2002 年第 10 期、51-53 頁。

の化学的酸素要求量（COD）は1348万トンを排出し、その量は世界一である。二酸化硫黄の排出量は2120万トンで世界第2位である。毎年の工業固形廃棄物の発生量は10億トン程度である[23]。大気中の空中浮遊状物質が増加し、ロンドンスモッグ事件の水準の近くにまで達している都市もある。多くの大都市では煤煙と自動車の排気ガスの複合型汚染が発生し、ロサンゼルス光化学スモッグ事件の汚染に類似した現象まで発生した。まさに、人々が居住するのに適さない場所に変わってしまったのである。

　このように見ると、韓国と中国の経済成長は「環境の持続可能な経済成長」とは見なし難いものといえる。それは、西洋の先進国においてかつて発生した環境問題と変わらない「複合型公害と環境問題」である[24]。それでは、なぜ、韓国と中国はこのように深刻な環境問題を発生させてしまったのであろうか。カギとなるのは、中国・韓国両国が競争型・成長第一の戦略を推進したことにある。西洋近代の環境観に見られる環境の搾取という思想は、競争的な特殊な環境の中において広まり、東洋固有の有機論的環境観は非科学的で遅れたものと見なされ、ほとんど捨て去られてしまった。近代科学の限界はここに完全に明らかとなり、その効果は特殊な雰囲気の中で増長されたのである。近代西洋科学においても環境の管理と保護の技術を進展させたが、それによって近代工業文明がもたらした環境問題の根本的解決とはならなかった。

　総じて、東北アジアの伝統的環境文化の主導的地位は植民地主義とそののちの近代化の流れの中で、次第に近代西洋環境文化に取って代わられた。それは東北アジアの工業・農業を飛躍させたが、それとともに未曾有の複合的環境問題をも発生させた。それは、経済の持続可能な発展を脅かすだけではなく、人間の健康への被害も与えたのである。これは人々にこのような経済発展が合理的かどうかを考えることを迫ったものであった。このような環境文化は継続する必要があるのか。東北アジアの環境文化の転換は必要とされるだけではなく、すぐに対処せねばならない問題なのである。

3 現代における東北アジア環境文化の交流と建設

3.1 日本における環境保護法制の整備

　日本が「公害大国」となったのち、東北アジアの環境文化は新たな段階へと進んだ。まず、日本で新たな環境文化の建設が検討され始め、その成果が1967年に施行された「公害対策基本法」である。韓国と中国では国内において発生した環境問題に対応する際、国際環境主義運動の働きかけによって、相次いで日本に学び、反公害の闘争を始め、環境法を制定した[25]。そのほか、日中韓3カ国の環境文化の交流も相次ぎ、それは、現在でも継続的に各地域の社会発展が生み出す深刻な影響に対応している。

　日本の新たな環境文化のポイントは、法治化の方法を採用して新たな人と環境との関係を調整したことである。法治化は地方政府の条例から始まった。1949年、東京都が最初に工場公害防止条例を制定し、その後、神奈川県と大阪府も1951年と54年に事業場公害防止条例を制定した。地方政府と国民の反公害運動の動きの中で、日本政府はついに1967年に「公害対策基本法」を制定し、大気汚染・水質汚染・土壌汚染・騒音・振動・地盤沈下・悪臭の7つの公害を定義づけ、企業・国家・地方公共団体・住民の各々の責任を規定した。その核心は、環境の搾取に際して人に危害を加えないということと、次世代の新型の環境文化を打ち立てるということである。1970年、日本政府は「公害対策基本法」を改正し、第17条第2項を加えた。そこでは政府が自然環境の保護に力を尽くすことが規定されている。1972年、日本政府は「自然環境保護法」を制定し、自然環境保護の指針と具体的な措置を明確にした。1993年には「環境基本法」を成立

---

23) 馬凱による2004年の講演「樹立和落実科学発展観、推進経済増長方式的根本性転変」による。
24) 日本環境会議『亜洲環境情況報告』編輯委員会編著、周北海・張坤民ほか訳『亜洲環境情況報告』第1巻、中国環境科学出版社、2005年、5、11頁。
25) 東北アジア地域の環境問題と環境協力については、拙稿「東北亜区域環境問題與環境合作」『環日本海研究年報』10号、新潟大学大学院現代社会文化研究科日本海研究室、2003年3月、107-123頁、参照。

させ、持続可能な発展という社会的目標を明確に提示した。それまでの公害と自然保護を分けて処理するという考え方をやめ、統一的な法律体系によって環境を管理するということを始めた。日本の環境文化もただ人類を保護し、被害を免れるということから、持続可能な発展のできる社会を形作ることへと変化した。

　1994年に公布された「環境基本計画——環境の世紀への道しるべ」には、「環境基本法」の理念を実現するための具体的な戦略が示されている。それは、大量生産・大量消費・大量廃棄型の社会を持続可能な発展のできる社会へと転換させるというものである。そこには主に4つの内容が含まれている。1つは循環。つまり、社会経済活動の中で資源とエネルギーを有効に利用し、環境への負荷を減少させ自然界の物質循環ができるようにし、循環を中心とした社会経済体系を実現するというものである。2つめが共生である。環境特性とは自然と人間の行為が相互に作用して形成されるという理論に基づいて、人類はかけがえのない自然を保護し、回復させることを通じて環境の発展を促進し、賢明に利用することによって人と自然の接触と交流を確保し、自然と人類の共存を実現することができるというものである。3つ目が参加である。各主体が人間と環境の関係と汚染者負担等の原則を理解し、環境への影響と環境保護活動に従事するという前提のもと、平等にそれぞれの役割を分担することを認識し、人類の遠大な利益と環境は代替できるものではないという価値観や行動方法にそれぞれを変えることを意識することによって、環境保護への社会参加ができるというものである。4つ目は国際協力である。日本の経済活動はグローバルな環境に影響を及ぼすもので、日本は公害を克服する過程の中で多くの成功した体験と技術を持っている。1つの地球を共有するという基本的な考え方のもと、日本は率先して持続可能な発展のできる社会を打ち立て、積極的に国際環境協力を推進し、その中で主導的な役割を発揮しなければならないというものである[26]。

　日本の環境法と計画から、日本の環境文化はすでに完全に古代と近代の環境文化を超越し、公害に対する教訓によって、新たな環境文化を造りつつあるということを見出すことができる。この文化は日本が国際政治の不

正常な状況を突破することに役立つかもしれない。

3.2 韓国における公害対策と環境保護政策の導入

　韓国の経済的発展は日本に比べて遅れ、その環境文化の建設も、当然、日本よりも遅れた。しかし、韓国は「後発の優位」を利用して日本の環境文化を学び、迅速に日本との差を縮めた。日本の学者である原嶋と森田は「東アジア諸国の環境政策の発展過程の比較分析」の中で、「これまでの日韓両国における経済発展の過程において、およそ20年の時間差があった。しかし、環境政策の発展の観点からみると、その時間的差違は少なくとも12-14年まで縮小してきている」[27]と言う。1963年、韓国は大阪市の条例を参考に「公害防止法」を制定したが、それはただ産業公害を防止の対象としただけで、厳格な処罰方法は規定されなかった。それゆえ、韓国の学者である盧隆熙は「それは公害防止法と言うよりも、公害許容法と見なす方がよい」と述べる。

　1972年、韓国は第1次「国土総合開発計画」を公表し、その中で公害と環境対策について言及している。そこでは、急速な工業化の過程で、今後深刻な汚染が発生すると予測することができ、私たちは国家の歴史的な失敗を繰り返すべきではなく、必ず完全な事前対策を講じる必要がある、とする。これらの著述から、韓国政府は日本などの国々で発生した深刻な公害に対する認識はあったが、それに対する厳しい管理措置があるわけではなく、具体的な公害と環境に対する政策をほとんど制定していないことがわかる。1977年12月、韓国は「環境保護法」を制定し、1978年10月にはさらに「自然保護憲章」を発表した。韓国は経済成長と環境保護の調和を始めたのである。しかし、それはただ「成長重視型の協調主義」であった。

　1987年、盧泰愚大統領が民主化を始めて以降、韓国における環境文化の建設は加速化した。第5共和国憲法の中に初めて環境権の条項が加えら

---

26) 日本国環境庁『環境基本計画：邁向環境世紀的路標』中日友好環保中心印刷、2000 年 12 月、20-21 頁。
27) 日本環境会議『亜洲環境情況報告』編輯委員会編著、前掲書、124 頁より引用。

れた。そこで見られる環境権は、人々は健康的な環境を享受することのできる権利を有しており、次世代のために良好な環境を保護する義務を有するというものであった。憲法のもとで、韓国は相次いで「環境保護法」に替えて「環境政策基本法」、「環境汚染受害糾紛仲裁法」、「大気環境保護法」、「水汚染保護法」などの専門的な法律を制定した。韓国の環境文化は「環境保護を重視した協調主義」に転化したのである。

「不断の開発の持続」と環境保護および経済が一体化して発展することを実現させるために、韓国は環境保護産業の発展を通じて、国内の環境の改善、さらに進んで地球環境の保護に貢献し、最終的には世界の環境模範国家になることを模索している。そのための具体的な方法として、「ECO-21計画」を推進している。この計画の英文名は環境のEcologyと経済のEconomyの頭文字からとっている。その中心的な主張は、未来型の環境保護産業を開発し、経済活動から生じる環境汚染の負荷を最低のレベルまで落とすことによって、環境の質量を改善すると同時に経済を発展させ、さらに持続可能な発展を実現することにある。

3.3　中国における環境文化建設の流れ

中国の環境文化の建設は文化大革命中から始まる。それも日本の影響を受けて発展した。1970年以前、中国は自国の環境問題を認めず、環境問題は資本主義によって引き起こされるものであるとした。しかし1970年12月、当時の国務院総理・周恩来は来訪した日本社会党前委員長・故浅沼稲次郎の夫人浅沼亨子と接見したとき、彼女に随行した娘婿が公害を報道するテレビ局の記者であると知っていた。そこで周は、彼と長時間の話を進めるだけではなく、環境保護に関する問題と日本がとった対策の教えを請い、さらに、関係する科学技術者・国家機関の責任者・各部門の責任者への報告を要請した。そののち、さらに分科会にて討論し、その報告を出席した全国の計画会議の人々に印刷して配布するよう求めた。曲格平の回想によると、これはおそらく中国史上最初の環境保護に関する文書記録であろうという[28]。

1972年の人間環境会議に参加してから、中国は第1回全国環境保護会議

を開催し、「全面的に企画し、合理的に配置し、総合的に利用し、害を利にし、大衆に依拠し、皆で着手し、環境を保護し、人民を幸福にする」という環境保護活動の方針を通過させた。その後、中国独特の「三同時」、「期間を限って改善する」、「三廃を変えて三利とする」などの政策を制定した。1978年、中華人民共和国憲法の中に環境保護の内容が追加された。1979年には「中華人民共和国環境保護法（試行）」が制定された。

　1983年末に開催された第2回全国環境保護会議において、正式に「環境保護は中国現代化建設における1つの戦略的任務であり、基本的な国策である」ということが発表された。中国の環境保護事業はこれまでにないほどの高まりに達した。1992年リオ・デ・ジャネイロで開催された地球サミットののち、中国は持続可能な発展の理念に基づき自らの「21世紀議定書」を制定した。1998年の大洪水ののち、中国は環境の管理に力を入れるだけではなく、その源流の管理も開始した。しかし実を言うと、このときの環境宣伝の声は大きく、絶えず多くの先進的な政策がなされたが、その一方で「発展は道理にかなっている」という戦略を遂行することと多くの構造的矛盾が存在したため、中国の環境問題に対する有効な抑制はなされなかった[29]。

　第4世代のリーダーが現れたのち、中国の発展戦略に大きな変化が生じた。2003年10月14日に開催された中国共産党第16期第3回中央委員会全体会議において「中共中央のよりよい社会主義市場経済体制の若干の問題に関する決定」がなされた。この決定が最も人々の注目を集めた内容は、「科学的発展観」を提示したことである。これは「人を根本とし、全面的で調和のある持続可能な発展観を打ち立て、経済社会と人の全面的な発展を促進する」というもので、その中の重要な内容が人と自然の調和（和諧）の

---

[28] 曲格平「周恩来：動盪年代奠基新中国環保」『北京青年報』2006年1月8日。ほかに、曲格平『夢想與期待：中国環境保護的過去與未来』中国環境科学出版社、2000年、35-37頁、参照。

[29] Bao Maohong, "The evolution of environmental policy and its impact in People's Republic of China", *Conservation and Society*, Vol. 4, No. 1, March 2006.

ある発展である[30]。2004年2月16日、中央は省級の主要な幹部が参加する「科学的発展の樹立と実行」の専門研究班を組織した。そこで検討されたテーマは、科学的発展観の内容と実質、経済成長モデルの転換、生態環境と持続可能な発展、合理的な土地資源の利用と保護、国内改革と対外開放の全面的な計画準備、人と自然の調和した発展、正しい政治業績観の樹立であった[31]。科学的発展観は、発展という語の世界観とその方法論について、社会主義調和社会を建設し、世界と調和することが中国の求める目標であり、それは責任を負うべき大国として完成しなければならない任務であるとするものである。2004年の秋季中国共産党第16期第4回中央委員会全体会議では、「和諧社会」の建設という偉大な構想が提示された。

　2005年2月19日、胡錦濤総書記は中央党校の省部級幹部の社会主義調和社会の能力専門検討会の開会式において、さらに一歩進んだ明確な指摘をした。それは「私たちが建設を必要とする社会主義調和社会とは民主法治・公平正義・誠信友愛・活力の充満・安定した秩序・人と自然が相互に調和した社会でなければならない」というものである。2005年9月15日、国連成立60周年の首脳会議において、胡錦濤主席は「平和を持続し、共同で繁栄する調和世界の建設に努力する」という重要な講演を行い、調和世界の建設という提案を示した。彼は、1つの調和世界を建設することは、包容の精神を堅持し、文明の多様性を尊重することである、と言う。各国の自主的な社会制度の選択と発展をする道の権利を尊重し、各国の国情によって振興と発展を実現させることを推し進めなければならない。異なる文明の対話と交流を強化し、相互の疑念と隔たりをなくす努力をし、人類のさらなる親睦を深め、世界をさらに多彩なものにしなければならない。平等開放の精神で文明の多様性を維持し、国際関係の民主化を促進しなければならない。指摘すべきことは、調和世界の建設とは調和社会の理論の拡大の建設であり、科学的発展観を指導的な考えとするものである。中国の緑色（環境保護）が飛躍しなければ調和社会の建設は不可能であり、また、国際社会の中国の発展に対する危惧をなくさないならば、調和世界の建設も不可能なのである[32]。

　2005年12月3日、「科学的発展観を実行することは環境保護を強化する

ことであるという決定」が国務院を通過した。この決定では、環境保護の強化は科学的発展観を実行し、全面的な小康社会を建設するという要求から出たものであり、それは、政治を民のために行うことを堅持し、執政能力の実際的な行動力を高めることであるとされ、社会主義調和社会を作り上げる有力な保障となった。科学的発展観は環境保護のための一切の活動、すなわち、資源節約の推進、環境有効型社会の建設、人と自然の調和（和諧）を相互に促進すること、1つの社会主義調和社会を作り上げることなどを包括している。これらの理論の発展により、中国の環境文化はすでに環境保護という領域だけではなく、さらにすべての社会と世界の認識を高く広い程度にまで向上させ、新たな緑色文明の基礎を形成しているところであるということを見出すことができる。

3.4　東北アジアにおける環境協力の可能性

　指摘しなければならないことは、日中韓の環境文化の基本的な考え方の刷新は、閉ざされた状況下では進めることはできず、不断の交流と相互の参照の中で発展するものだということである。その交流の最も基本となり、現在最も影響力のあるプラットフォームが日中韓3カ国環境大臣会合である。それは3カ国の環境保護協力の意向を実行し、この地区の持続可能な発展を促進するために、日本政府の呼びかけで設立されたものである。第1回日中韓3カ国環境大臣会合は1999年に韓国にて開催された。2003年12月には、第5回日中韓3カ国環境大臣会合が中国で行われ、会議の検討事項は、どのように経済・社会の発展と環境保護とを相互に調和させるかという問題に集中した。2005年10月には第7回日中韓3カ国環境大臣会合が韓国で行われ、会議において循環型経済の建設と持続可能な発展の実現の重要性が確認された。そこでは循環型経済の建設と持続可能な発展戦略を実現することによって、経済発展と環境保護の矛盾を解決できるという認

---

30)『中共中央関於完善社会主義市場経済体制若干問題的決定』人民出版社、2004年、12-13頁。
31)「将発展導入科学之軌」『瞭望』2004年第8期、8-10頁。
32) 本書第1章「資源環境と中国歴史の歩み」参照。

識を得た。

　明らかに環境文化の基本的な考え方の展開から見て、日中韓3カ国は経済の勃興と発展における時間的差違が存在するためだけではなく、不断の交流と後進国が「後発の優位」を発揮することを通じて、環境文化建設において、同時に進み、甚だしい場合には後の者が先の者を追い越すという局面に至った。東北アジアでは、元来の環境特性（人が多く、資源が少ない）と特殊な文化的要素（人間と地球の命運に着目するというもの）から、人間文明と世界の未来に対する強烈な着目が見られた。東北アジアにおいて、工業文明を超越する新たな文明形態が、その端緒を現しつつある。

　環境文化の基本的な考え方の不断の刷新とともに、具体的な環境文化の交流はさらに頻繁になってきている。第1に、環境教育の交流が挙げられる。「日中韓3カ国環境教育ネットワーク」は日中韓3カ国間における環境教育の分野のネットワーク構築を通して、3カ国の環境教育機構間の交流と協力を推進し、共同で環境教育の発展を促し、3カ国の公衆の環境意識を高め、東北アジアの環境文化の発展を進めるというものである。2000年に第1回「日中韓3カ国環境教育ネットワークシンポジウム」と「日中韓3カ国環境教育シンポジウム」が日本で開催され、「日中韓3カ国環境教育機構データベース」プロジェクトが始まった。2004年、韓国で開催された「第3回東アジア環境教育交流会」において、日中韓3カ国の学者の共同編纂による「日中韓青少年環境教育活動案例集」が完成し、出版された。力の込められたこの書は東北アジアの青少年の環境文化の交流と建設を促進した[33]。2005年8月、「第5回日中韓環境教育交流シンポジウム」が中国で開催され、各国の代表者たちの間で「日中韓青少年環境教育活動案例集」の3カ国における広がりと使用状況について情報交換がなされ、日中韓3カ国の今後の環境教育交流の計画と発展について議論した。2006年10月、「日中韓3カ国環境教育ネットワーク項目」（TEEN）が日本の石川県金沢市で「第7回日中韓3カ国環境教育シンポジウム」を開催した。その主題は主に沿海都市の児童の環境教育であり、さらに、学生環境教育教材編集プロジェクトの継続として3年間の「生態保護――日中韓3カ国学生環境教育交流活動」を開始した。

第2は3カ国の環境に関する非政府組織（NGO）の交流である。日本全国の環境NGOは約1.5万団体あり、平均して8000人当たり1団体あることとなる[34]。韓国の環境NGOは軍事独裁政権に反対する民主化の過程の中で生まれ、数に限りはあるけれども、その組織の結集力は強い。中国の環境NGOは初歩的段階で、2004年春に清華大学が全国6つの省の18の都市でサンプル調査をしたところ、全国で環境保護のみを主要な活動分野とする環境保護NGOはおよそ3000団体あるという。もし、その活動の中に環境保護を含むものの、第1の任務とはしないというNGOを加えるならば、その数は1.4万団体に上る。日中韓3カ国の環境NGOの交流は非常に頻繁である。例えば、日本の「緑の地球ネットワーク（GEN）」は1992年から山西省大同において黄土高原の緑化協力プロジェクトを推進し続け、日本の森林文化と現地の農民の脱貧困とを結合させ、「種を大地に植え、種を人の心に植える」を趣旨として、創造性豊かな経済発展と環境保護を有機的に結び付けて新たな道を走り続けている[35]。中国の「北京地球村環境文化センター」「自然の友」など著名な環境NGOも日本と韓国の関連する組織と密接な交流関係を築いている。

　韓国第1の環境NGOは1982年に成立した「韓国公害問題研究所」である。現在最大の環境NGOは「韓国環境運動連盟」である。それは「反公害運動協会」など8つの組織が1993年4月に合併して成立したものである。その主要な目標の1つが、「海外の環境団体との協力を強化し、環境運動の国際的対策を探る」というものである。その秘書長・崔洌の談話から、その団体が中・日の環境NGOと良好な交流を求めていることがはっきりとわかる。崔洌は日本の書籍を通じて環境問題に接して研究し、その後、15

33）中日韓環境教育読本編委会編著『中日韓青少年環境教育活動案例集（中文版）』北京科学技術出版社、2005年。

34）林家彬「環境NGO在推進可持続発展中的作用――対日本環境NGO的案例考察」国連「東北亜地区環保與扶貧（東北アジア地区の環境保護と貧困対策）」国際シンポジウム論文、北京、2002年3月27～29日。

35）高見邦雄、李建華・王黎傑訳『雁棲塞北：来自黄土高原的報告』国際文化出版公司、2005年、および、緑色地球網絡編『中国黄土高原緑化合作報告』北京林業管理幹部学院印刷、2005年、参照

回日本を訪問、最近10年で10回中国を訪問した。1995年、東京で梁従誠が「アジア環境賞」を受賞した[36]。これは中国における環境問題の推進によるものである。環境NGOの交流は政府主導の環境文化建設に対して有益な補助となり、さらには促進を行うものである。それは、各国の国民が環境文化建設へ参加することを推し進め、さらにはすべての人に対する環境への公平と正義を実現するものといえる。

　第3は、一般民衆特に農民同士の環境交流である。東北アジアの黄砂（砂嵐）は全世界が注目するほど深刻な問題であり、日本と韓国では特に注意が払われている。東アジア環境市民会議が実施するプロジェクトとは、第1に各国における社会の情報を統合し、砂嵐が舞う中で生活する農村と沙漠化防止の最前線に居住する農民を組織化することである。第2は伝統的な耕作方法を改変すること――すなわち保護的な耕作方法（免耕法）を推進し生態環境の改善を促進する方法――を通じて、生態の回復と貧困から脱し富裕へと至るための持続可能な農業の道を模索することである。第3は農民の訓練のためのネットワーク形成。能力訓練と環境教育によって、農民の自我教育・自我管理・自我発展および公衆参加と最終的な農村公民社会の発展を推進することである。このような実験は中国で現在展開している新農村建設運動と有機的に結合することができる。それは農民に環境保護をさせるとともに、エコ生活に転換することを自覚させることである。これにより、現代の都市住民が経験している浪費生活の段階を越えることができる。これは中国農民が日本・韓国の農民の生産と生活の経験を参考として、新たな段階に進むものであり、その行く末は非常に明るい。

　総じて、東北アジアの新環境文化の建設はその基本的な考え方の不断の「刷新」があるだけではなく、さらに全面的で重層的な交流と参加が展開されている。新しい環境文化は環境保護だけではなく、また人と環境の関係を調整するだけではない。さらに、人と自然の関係を協調させて、人と人、人と自己の関係を改善し、新たな文明の形態を追求するものである。当然、この新たな文明の出現は、すべての社会の構成員の参加によって実現することができるのである。

4　結　論

　東北アジアの環境文化の歴史的展開を見ると、その建設は従来みな開放的な環境の中で進展した。開放とは地域内の開放だけではなく、国際社会への開放も含まれる。もちろん、古代・近代・現代における開放の性質は異なるものである。古代環境文化の広がりは東アジア文化圏内における平和的で自然な交流と吸収であった。近代西洋の環境文化の東洋への伝来は植民主義とともにもたらされたもので、日本は急速な飛躍ののち、植民主義的手法によって自らの環境文化を強行に東アジアへと広げた。現代の東アジアにおける環境文化の建設は、完全に平等で互恵的な基礎の上で、グローバル化の進展に従って加速化している。世界各国の開放と協力によって利益を得るような形式で、3回の地球サミットと国際環境専門会議も強力に人類共同の環境文化の研究成果を東北アジアへと伝え広めた。開放的な環境の中で文化の交流は順調に進行するが、たとえ冷戦の国際環境の中であっても、東北アジアでは民間交流を通じて環境文化建設の情報が伝わっていた。現代の環境文化の交流にも全面的・重層的な新たな体勢が現れている。また、東北アジアは歴史認識問題によって引き起こされる困難な局面もあるが、環境文化の交流の足並みを阻むものではない。

　東北アジアの環境文化の交流とは東北アジア各国の国情に従って外国の環境文化を吸収・利用するもので、それには同一性と多様性の統合が見られる。環境文化の同一性はその基本的な考え方が一致していることを意味する。すなわち、古代においては儒家の環境観であり、近代においては西洋の環境観であり、現代においては持続可能な発展という環境観である。古代において、中華の儒家の環境文化が日本と朝鮮に至ってから、この2つの国家は自らの資源環境と元来の文化によってその内容を選択し、発展した。近代西洋の環境文化が東北アジアに至ったのち、日中韓3カ国の過激な闘争と妥協を経て、近代環境文化がこれらの国家の主導的あるいは強

36）梁従誡・康雪主編『走向緑色文明』百花文芸出版社、2006年、318-319頁。

力な環境文化となったが、完全に伝統的な環境文化に取って代わったわけではなかった。伝統的な環境文化は見え隠れしつつ、その作用を発揮したのである。現代の東北アジアの環境文化の建設は国際環境主義運動の成果を吸収し、急速に東北アジア国家の主導的な思想となったが、特殊な国情と環境文化の伝統の基礎の上に特色のある環境文化を形成しているといえる。

　東北アジアにおける環境文化の建設は、伝統的な環境文化と近代の西洋環境文化の放棄である。東北アジアの伝統的環境文化には多くの生態への知恵があり、現在の人類が直面する環境問題の解決に対して非常に参考にできる点で意義がある。しかし、それはつまり農業時代の産物であり、それをそのまま現代に援用することはできない。近代西洋の環境文化は歴史的に積極的な作用を発揮するが、その中には地球環境へ人類がもたらす損害についての配慮が欠如していたことも疑いない。このような条件において、人類は発展の究極的意義を探求し始め、近代における環境文化の問題を再考し始めている。近代の環境文化に対する批判の上に、東北アジア各国では交流と学習を通して、積極的に新たな環境文化を建設している。これは近代環境文化の簡単な補修と矯正ではなく、東北アジアの伝統的環境文化の有益な部分を吸収し、近代環境文化の放棄という基礎の上に新たな生態文明と緑色文明を創造したものである。この新たな文明の形態の基本的な考え方は、人間と環境の協調的持続可能な発展である。しかし、各々の異なる国情において、異なる形態を露わにした。これらの特徴を尊重し、発展を通じて和諧世界（調和した世界）を形成することができるのである。

　総じて、東北アジアの環境文化の交流と建設は東北アジア国家が伝統的な工業文明から生態文明へと転換することを助け、東アジア復興の偉大なる快挙を実現するだけではなく、さらに、全地球が環境の危機を脱出するための文明の転換の模範的な新たな方式を提示することとなるのである。

訳者および担当章一覧（担当順）

北 川 秀 樹……龍谷大学法学部教授（監訳、第2章、第5章）

傅　　　喆……一橋大学大学院経済学研究科博士課程（はしがき、あとがき）

畑 木 亦 梅……岡山外語学院講師（第1章）

藤 原 福 一……吉備国際大学環境リスクマネジメント学科教授（第1章）

王　　　燕……龍谷大学大学院法学研究科博士課程（第2章）

村 田 艶 子……翻訳家（第3章）

井 上 堅太郎……岡山理科大学社会情報学科教授（第3章、第4章）

待 井 健 仁……岡山理科大学社会情報学科博士課程（第4章）

田　　　園……桜美林大学大学院国際学研究科博士課程（第6章）

陳　　　静……桜美林大学大学院国際学研究科博士課程（第6章）

永 木 敦 子……新潟大学人文学部（第7章）

村 松 弘 一……学習院大学東洋文化研究所准教授（第8章）

あとがき

　日本で自分の論文集を日本語で出版することは、以前は頭の中でたまに思いつく考えに過ぎなかった。それが現実に変わろうとするとき、夢が叶う興奮を味わうほかに、新しい友人だけではなく、古い友人の親切な援助にも感謝しなければならない。

　一衣帯水の隣国として、日本は他の国より中国の環境問題に深い理解があり、中国の環境ガバナンスに対する日本の期待は切実である。日本の学術界は、中国の学者自らがこれらの問題について認識することを切に望んでいる。2005年以来、私は何度も訪日し、日本の学者と交流する中で彼らの希望を心底感じた。このような彼らの希望を満たすことも、私がこの論文集を編集するもう1つの重要な思いでもある。

　しかし、私自身の日本語レベルは非常に限りのあるものであり、このきわめて困難な仕事を一人で完成することはできなかった。幸いにも日本にいる多くの友人たちの力強い援助のおかげで、本書を出版することができた。まずは、龍谷大学・北川秀樹教授に感謝したい。彼は多忙中にもかかわらず、本書の翻訳にあたり監訳者の仕事を承諾していただいた。北川教授は中国の環境法・政策を研究する専門家というだけでなく、中国語のレベルも非常に優れている。彼の監訳により、日本語版は私自身の考えを正確に表現することを保証されるだけでなく（例えば、「社会転換の中の環境NGO」の論文のように最初の翻訳においては大幅に削除されていた文章を復元してくれた）、翻訳原稿の日本語レベルを向上させ、出版することができるようになった。

　次に、岡山理科大学・井上堅太郎教授に感謝したい。2002年に、北京の「中日友好環境保護センター」に勤めている日本の専門家藤原福一教授

のご紹介で知り合った後、長い時期にわたってメールの交流を行い、お互いの理解と信頼を深めてきた。2005年の元旦に、相互訪問と研究協力が始まった。井上教授は北京大学で「日本の公害ガバナンスの経験と教訓」、「日本の環境ガバナンスにおける地方自治体の役割」、および「日本循環型社会の構築の努力」などをテーマとして北京大学の教職員と学生の熱烈な歓迎の中で講演を行った。本書の中のいくつかの論文は、岡山理科大学での学術交流の際に、私が講演した原稿を基に改訂したものである。そして、私たちは環境ガバナンスにおける東北アジア地方政府の役割について研究を行うために、中国の吉林省と日本の山口県および足尾銅山で現場調査をし、共同でいくつかの論文を執筆し、発表した。本書の「社会転換の中の中国環境NGO」はその中の1つである。井上教授は年齢からいうと私より目上にあたるが、虚心坦懐に彼は平等に人に接し、後輩の世話もよい。厳しく学問に向かうその姿勢には多くの知識を遠慮せずに学ぶことができ、身の持し方についても学ぶことができた。先生として接し、友だちとしても接するこのような情誼により、中日友好の質朴であるが強力な力が日本の世間には潜んでいることを強く感じた。

　3番目は、本書各章を翻訳した人に感謝したい。彼らの苦労がなければ、この日本語版の出版はなかったであろう。翻訳は新たな創作でもあり、本書には翻訳者と監訳者の心血と知恵が注がれている。彼らの名前は、傅喆（一橋大学大学院経済学研究科博士課程）、畑木亦梅（岡山外語学院講師）、藤原福一（吉備国際大学環境リスクマネジメント学科教授）、北川秀樹（龍谷大学法学部教授）、王燕（龍谷大学法学研究科博士課程）、村田艶子（岡山理科大学社会情報学科）、井上堅太郎（岡山理科大学社会情報学科教授）、待井健仁（岡山理科大学社会情報学科博士課程）、田園、陳静（桜美林大学国際学研究科博士課程）、永木敦子（新潟大学人文学部）、村松弘一（学習院大学東洋文化研究所准教授）の各氏である。しかし、本書に内容の間違いがあったとするならば、それは筆者本人の責任である。

　4番目に、私の論文を発表した雑誌（日本語）の編集部に感謝したい。これらの論文を本書に収録することに同意してくれた。これらの論文のタイトルと雑誌は以下の通りである。「東北アジア地域の環境問題と環境

協力」（永木敦子訳）『環日本海研究年報』（新潟大学、第10号、2003年）、「西部大開発における生態建設についての考察――陝西省北部を中心として――」（井上堅太郎・陳欣・待井健仁訳）『社会科学系研究』（岡山理科大学社会情報学科社会分析研究会、第4号、2006年）、「中国環境政策の変遷と成果」（王燕訳、北川秀樹監訳）『龍谷法学』（龍谷大学法学会、第42巻第1号、2009年）。

　さらに、本書の出版にご尽力くださった（株）はる書房の佐久間章仁取締役出版部長にお礼申し上げる。彼の編集作業に打ち込む真摯な姿勢は私に深い感銘を与えてくれた。彼の努力に心から感謝している。

　最後に、私の学術研究と国際学術交流をずっと支えてくれた家族と友人に感謝したい。彼らの無私の愛により私は支えられ、楽しみながら学術の道を歩み進んでいる。

　　2009年1月1日
　　　　　　　　　　　　　　　　　　　桜美林大学其中館404室にて
　　　　　　　　　　　　　　　　　　　　　　　　　包　茂　紅

著者略歴

包茂紅（ほう・もこう）

1966年中国・陝西省生まれ。1984年北京大学歴史学部入学、2005年博士号取得。
1995-1997年 ドイツ・バイロイト大学において環境史を、2002-2003年 アメリカ・ブラウン大学において環境史・アジア太平洋地域史を研究する。2007年 イギリス・サセックス大学世界環境史研究センター上級兼職研究員、2008-2009年 日本・桜美林大学客員研究員。
現在：北京大学歴史学部環境史・アジア太平洋地域研究副教授。
Nature and CultureおよびConservation and Society誌編集委員。
著書：
『森林と発展:フィリピン森林乱伐研究（1946-1995）』中国環境科学出版社、2008年。その他論文50数編。

監訳者略歴

北川秀樹（きたがわ・ひでき）

1953年11月生まれ。
京都大学法学部卒業、博士（大阪大学・国際公共政策）。
京都府庁文化芸術室補佐、地球環境対策推進室長などを歴任。
現在：龍谷大学法学部教授、特定非営利活動法人環境保全ネットワーク京都代表。専門は、環境政策、中国環境法・行政法。
主な著書・論文：
『病める巨龍・中国』文芸社、2000年。
『中国の環境問題と法・政策――東アジアの持続可能な発展に向けて――』（編著）法律文化社、2008年3月。
『はじめての環境学』（共著）法律文化社、2009年3月。
「自然環境に関する法」（西村幸次郎編著『グローバル化のなかの現代中国法』第8章、成文堂、2004年）。
「中国における戦略的環境アセスメント制度」（『現代中国』第78号、2004年）で第1回太田勝洪記念中国学術研究賞受賞。

中国の環境ガバナンスと東北アジアの環境協力

包 茂 紅　著
北川秀樹　監訳

2009年9月10日初版第1刷発行

発行所　株式会社 はる書房
〒101-0051　東京都千代田区神田神保町1-44駿河台ビル
Tel. 03-3293-8549　Fax. 03-3293-8558
振替 00110-6-33327
http://www.harushobo.jp/

落丁・乱丁本はお取替えいたします。
印刷・製本　中央精版印刷　組版　エディマン
©Mokou Hou, Hideki Kitagawa, Printed in Japan, 2009
ISBN978-4-89984-103-6 C0036